百种常见野生植物图鉴

邹良栋　陈杏禹　白百一　编著

化学工业出版社

· 北京 ·

内容简介

本书在展示以营养器官特征为依据的植物分科检索表的基础上，精选100种常见野生木本和草本植物，分别从拉丁名、别名、分类地位、形态特征、生长环境和应用等方面进行详细介绍。其中，重点介绍植物根、茎、叶、花、果实、种子六大器官的形态特征及其在食用、药用、工业、绿化等方面的应用价值。此外，精选540余幅植物高清整体及细部彩色图片，以图注的形式清晰展示各植物识别要点。

本书可供野生植物资源研究、调查、开发、利用与管理相关的科研及工作人员，食品、药品加工人员，植物爱好者以及农林院校相关专业师生参考。

图书在版编目（CIP）数据

百种常见野生植物图鉴/邹良栋，陈杏禹，白百一编著 . —北京：化学工业出版社，2023.8（2025.1重印）

ISBN 978-7-122-43389-3

Ⅰ.①百… Ⅱ.①邹… ②陈… ③白… Ⅲ.①野生植物-图集 Ⅳ.①Q949-64

中国国家版本馆CIP数据核字（2023）第073005号

责任编辑：孙高洁 刘 军 文字编辑：李 雪 李娇娇
责任校对：王 静 装帧设计：关 飞

出版发行：化学工业出版社
　　　　　（北京市东城区青年湖南街13号 邮政编码100011）
印　　装：盛大（天津）印刷有限公司
880mm×1230mm 1/32 印张5½ 字数176千字
2025年1月北京第1版第2次印刷

购书咨询：010-64518888 售后服务：010-64518899
网　　址：http://www.cip.com.cn
凡购买本书，如有缺损质量问题，本社销售中心负责调换。

定　　价：39.80元

前　言

　　我国地域辽阔，气候复杂多样，野生植物资源种类丰富。野生植物作为自然界中宝贵的资源，不仅具有栽培作物没有的优良基因，如优质、抗逆、抗病虫等，还具有重要的食用、药用和生态价值。野生植物在食品工业中有着广泛的应用，比如野果营养功能显著，野菜、野生香料植物等都逐渐得到了人们的重视，已被开发出很多新兴的出口创汇产品；我国已经开发的很多药用植物来自野生植物；野生植物能够防止水土流失、保证饮用水质量、调节区域气候，为人类创造宜居环境。但近年来，由于开发利用不当、缺乏保护意识、过度放牧等，使有益野生植物资源受到威胁，田间杂草等泛滥成灾。

　　基于以上背景，本书在对辽宁营口熊岳地区野生植物调查研究的基础上，结合编者长期在植物生长和保护等方面的教学和科研经验编写而成。本书主要分为两个部分：第一部分以"以营养器官特征为依据的植物分科检索表"对比不同科之间营养器官特征的差异，帮助读者认识植物的分类地位。第二部分精选34科，共100种常见野生木本和草本植物，分别从拉丁名、别名、分类地位、形态特征、生长环境和应用等方面进行具体介绍。其中，形态特征以植物根、茎、叶、花、果实、种子六大器官为重点介绍对象；生长环境包括植物适生土壤、适生环境和生长季节等；应用主要从食用、药用、工业、绿化等方面说明，具体包括植物的食用价值和食用方法，性味、主治等药用价值，建筑、轻工、化工等工业价值以及生态修复、景观设计等绿化价值。此外，还对个别有毒植物作了特别说明。每种植物附整体和细部彩色图片，以图注的形式展示识别要点，图文对照，有助于读者更好地掌握植物特征，野外识别更加轻松、快捷。

希望本书能帮助读者充分了解常见野生植物，为今后发掘野生植物更多新功能和新价值、开发新产品、保护和利用野生植物修复生态系统，以及为防除有害杂草等工作贡献力量。

由于编者水平有限，书中难免存在疏漏，恳请各位读者提出宝贵意见，以利今后修正提高。

编者

2023 年 2 月

目 录

第一部分

以营养器官特征为依据的植物分科检索表

检索表科名前的数字与本书目录中科名前的编号对应。

1. 寄生植物

  2. 茎缠绕、黄色或橙黄色 ················22 旋花科 Convolvulaceae

  2. 茎直立

    3. 树上寄生植物，叶绿色、对生 ·············桑寄生科 Loranthaceae

    3. 非树上寄生植物，无绿叶 ·············列当科 Orobanchaceae

1. 自生植物

  4. 水生或沼泽植物

    5. 植物叶状，微小（长不超过 3cm），漂浮水面 ·········浮萍科 Cemnaceae

    5. 植物较大，有茎、叶分化

      6. 具托叶鞘，叶长椭圆形、箭形、戟形或三角形 ·······3 蓼科 Polygonaceae

      6. 不具托叶鞘

        7. 叶箭形或椭圆形，具长柄 ·············泽泻科 Alismataceae

        7. 叶不为箭形或椭圆形

          8. 叶心形 ·················雨久花科 Pontederiaceae

          8. 叶披针形或线形

            9. 叶披针形，长不超过 10cm

              10. 叶对生，基部抱茎 ·······26 玄参科 Scrophulariaceae

              10. 叶互生或对生，基部不抱茎 ···········千屈菜科 Lythraceae

            9. 叶线形，长 10cm 以上

              11. 茎通常三棱，叶鞘闭合 ·········31 莎草科 Cyperaceae

              11. 茎不为三棱

                12. 叶片和叶鞘间具叶舌，叶鞘开口 ·······30 禾本科 Poaceae

                12. 叶不具叶舌

                  13. 叶中部具脊，撕破后有香气 ·······天南星科 Araceae

                  13. 叶不具脊，叶内有很多气道 ·········香蒲科 Typhaceae

  4. 陆生植物

    14. 藤本，茎匍匐、缠绕或攀缘（次 14 项见 004 页）

      15. 植物具卷须

        16. 羽状复叶或三出复叶，具托叶，通常叶顶端形成卷须，草本·········

        ··12 豆科 Fabaceae

      16. 单叶

        17. 木质藤本，卷须和叶对生，掌状脉 ··········葡萄科 Vitaceae

        17. 草质藤本，卷须生于叶腋，植物体常粗糙 ·····葫芦科 Cucurbitaceae

15. 植物不具卷须

  18. 木质藤本

    19. 植物具白色乳汁，叶披针形，光滑·········21萝藦科 Asclepiadaceae

    19. 植物不具乳汁

      20. 奇数羽状复叶、荚果·················12豆科 Fabaceae

      20. 单叶

        21. 叶对生，茎中空·················忍冬科 Caprifoliaceae

        21. 叶互生

          22. 叶边缘具腺齿，无托叶·········木兰科 Magnoliaceae

          22. 叶缘锯齿粗钝，不具腺齿、托叶小·······卫矛科 Celastraceae

  18. 草质藤本

    23. 植物具乳汁

      24. 叶互生·······················22旋花科 Cinvolvulaceae

      24. 叶对生或近四叶轮生

        25. 叶轮生，具肥大肉质根·········28桔梗科 Campanulaceae

        25. 叶对生，须根系·············21萝藦科 Asclepiadaceac

    23. 植物不具乳汁

      26. 叶对生或轮生

        27. 叶全缘，不分裂

          28. 叶轮生，茎有倒刺或毛·········茜草科 Rubiaceae

          28. 叶对生，茎光滑无刺·········21萝藦科 Asclepiadaceac

        27. 叶有裂或边缘有锯齿

          29. 单叶，掌状脉

            30. 茎方形，具倒刺·········2桑科 Moraceae

            30. 茎圆形，无刺·········薯蓣科 Dioscoreaceae

          29. 羽状复叶，常借叶柄攀缘·········8毛茛科 Ranunculaceae

      26. 叶互生

        31. 叶具托叶鞘·················3蓼科 Polygonaceae

        31. 叶不具托叶鞘

          32. 叶五角形，盾状着生·········防己科 Menispermaceae

          32. 叶不为盾状着生

            33. 复叶，小叶全缘·········12豆科 Fabaceae

            33. 单叶，不裂或不裂·········22旋花科 Convolvulaceae

14. 直立木本或草本，非蔓生和藤本

  34. 叶或茎含丰富水分，旱生多浆植物

    35. 植物具乳汁 ························17大戟科 Euphorbiaceae

    35. 植物不具乳汁，茎、叶肉质

      36. 叶倒卵形，一年生草本 ············6马齿苋科 Portulacaceae

      36. 叶非倒卵形，全缘或有锯齿，多年生植物 ········景天科 Crassulaceae

  34. 非旱生多浆植物，茎叶不为肉质

    37. 乔木或灌木（次37项见008页）

      38. 乔木，植物具单一主干（次38项见006页）

        39. 单叶针状、鳞片状或棒状，常绿

          40. 小叶鳞片状，交互对生，小枝扁平复叶状 ·······柏科 Cupressaceae

          40. 小叶针状、棒状、线形、条形或披针形

            41. 叶线形、条形或披针形

              42. 叶扁平，线形或披针形，交互对生或螺旋状着生，基部扭转呈

                两列 ·······················杉科 Taxodiacaeae

              42. 叶中脉隆起，条形，与小叶均互生 ·······红豆杉科 Taxaceae

            41. 叶针状或棒状

              43. 叶2至多枚簇生 ·······················松科 Pinaceae

              43. 叶对生，轮生或螺旋着生

                44. 叶对生或轮生，具刺状或鳞片状两型叶，有时全为针刺状叶

                  ·······················柏科 Cupressaceae

                44. 叶螺旋状着生，四棱棒状

                  45. 侧枝在主干上明显螺旋状着生，侧枝羽片状，小叶合拢···

                    ·······················南洋杉科 Araucariaceae

                  45. 侧枝在主干上螺旋状着生不明显，侧枝不呈羽片状，小叶平展

                    ·······················松科 Pinaceae

        39. 叶不为针状、鳞片状和棒状，常绿或落叶

          46. 单叶扇形，具二叉分枝叶脉，簇生 ············银杏科 Ginkgoaceae

          46. 叶不为扇形

             47. 单叶（次47项见006页）

              48. 叶对生

                49. 叶全缘或有不明显浅裂或锯齿

                  50. 叶缘有锯齿，小枝绿色无毛·········卫矛科 Celastraceae

                50. 叶全缘或有不明显浅裂

51. 叶长 12 ～ 30cm，有浓密腺毛及星状毛，先端圆或钝⋯⋯⋯⋯
⋯⋯⋯⋯⋯⋯⋯⋯⋯⋯⋯⋯⋯⋯26 玄参科 Scrophulariaceae

51. 叶长不超过 12cm，无毛⋯⋯⋯⋯⋯⋯⋯木樨科 Oleaceae

49. 叶裂片五角状，枝叶十字对生，相对两叶的叶柄基部连成一环，
围绕小枝一周，枝叶均光滑无毛⋯⋯⋯⋯⋯槭树科 Aceracere

48. 叶互生

52. 叶全缘或叶缘锯齿状（次 52 项见 006 页）

53. 叶全缘，托叶宿存，芽鳞一片⋯⋯⋯⋯⋯杨柳科 Salicaceae

53. 叶缘锯齿状

54. 叶具三主脉

55. 小枝弯曲成拱形（合轴分枝），红褐色，具 2 枚不等长托叶刺⋯
⋯⋯⋯⋯⋯⋯⋯⋯⋯⋯⋯⋯鼠李科 Rhamnaceae

55. 小枝不呈拱形，无托叶刺，叶缘部分无锯齿⋯⋯⋯⋯⋯
⋯⋯⋯⋯⋯⋯⋯⋯⋯⋯⋯⋯⋯1 榆科 Ulmaceae

54. 叶非三主脉

56. 枝端形成刺状⋯⋯⋯⋯⋯⋯11 蔷薇科 Rosaceae

56. 枝端不呈刺状

57. 叶背密生或至少脉腋间有星状毛，叶卵形或广卵形⋯⋯⋯
⋯⋯⋯⋯⋯⋯⋯⋯⋯⋯⋯椴树科 Tiliaceae

57. 叶不具星状毛

58. 芽仅具一片芽鳞，枝柔软，叶较狭⋯⋯⋯⋯
⋯⋯⋯⋯⋯⋯⋯⋯⋯⋯杨柳科 Salicaceae

58. 芽具多片芽鳞

59. 叶缘锯齿刺芒状

60. 叶背有白色厚茸毛，坚果⋯⋯⋯⋯⋯
⋯⋯⋯⋯⋯⋯⋯⋯山毛榉科 Fagaceae

60. 叶背无毛或微有毛，非坚果

61. 植物具乳汁⋯⋯⋯⋯⋯2 桑科 Moraceae

61. 植物不具乳汁⋯⋯⋯⋯11 蔷薇科 Rosaceae

59. 叶缘锯齿不为刺芒状

62. 小枝髓心五角状⋯⋯⋯⋯杨柳科 Salicaceae

62. 小枝髓心非五角状

63. 植物具乳汁⋯⋯⋯⋯2 桑科 Moraceae

63. 植物不具乳汁

64. 芽偏斜，叶基部不对称，叶缘单锯齿或不规则重锯齿·············1 榆科 Ulmaceae

64. 芽和叶基部不偏斜，叶缘单锯齿·············11 蔷薇科 Rosaceae

52. 叶有裂或波状浅裂

65. 植物具乳汁·············2 桑科 Moraceae

65. 植物不具乳汁

66. 叶背面密生白色绵毛，3～5裂·············杨柳科 Salicaceae

66. 叶背无白毛

67. 托叶大而明显，枝具刺·············11 蔷薇科 Rosaceae

67. 托叶不明显，叶具羽状脉。边缘波状浅裂·············山毛榉科 Fagaceae

47. 复叶

68. 叶对生，羽状复叶

69. 芽外露·············木樨科 Oleaceae

69. 芽埋藏叶柄下·············槭树科 Aceracere

68. 叶互生

70. 枝髓褐色或具横隔片·············胡桃科 Juglandaceae

70. 髓不具横隔

71. 植物具刺，羽状复叶·············12 豆科 Fabaceae

71. 植物不具刺

72. 偶数羽状复叶

73. 二回偶数羽状复叶，小叶镰刀形，全缘，宽 1cm 以内·············12 豆科 Fabaceae

73. 一回偶数羽状复叶，小叶非镰刀形，基部圆形，宽 2.5cm 以上，有特别香味·············楝科 Meliaceae

72. 奇数羽状复叶

74. 小叶近全缘，基部有 2～4 浅裂，有恶臭味·············苦木科 Simaroubaceae

74. 小叶边缘具锯齿或裂片，无臭味·············无患子科 Sapindaceae

38. 灌木，主枝通常数条丛生，植株一般较矮小

75. 复叶

76. 三出复叶

77. 叶互生
    78. 小叶锯齿缘，背面具白色绵毛⋯⋯⋯⋯11蔷薇科Rosaceae
    78. 小叶全缘，背面不具毛⋯⋯⋯⋯⋯⋯12豆科Fabaceae
77. 叶对生，枝空心或具横隔⋯⋯⋯⋯⋯⋯⋯⋯木樨科Oleaceae
76. 羽状复叶具小叶4枚以上
    79. 植物具刺，奇数羽状复叶，小叶有锯齿，托叶常与叶柄相连接⋯⋯⋯⋯
    ⋯⋯⋯⋯⋯⋯⋯⋯⋯⋯⋯⋯⋯⋯⋯⋯⋯11蔷薇科Rosaceae
    79. 植物不具刺
      80. 叶对生，奇数羽状复叶，叶缘具齿⋯⋯⋯忍冬科Caprifoliaceae
      80. 叶互生，小叶全缘⋯⋯⋯⋯⋯⋯⋯⋯12豆科Fabaceae
75. 单叶
  81. 叶对生或轮生
    82. 叶小，鳞片状，对生，木贼状植物⋯⋯⋯⋯麻黄科Ephedraceae
    82. 叶不为鳞片状
      83. 枝端呈刺状，叶为锯齿缘⋯⋯⋯⋯⋯⋯鼠李科Rhamnaceae
      83. 枝端不呈刺状
        84. 叶全缘
          85. 叶革质，角质层厚，常绿
            86. 叶披针形，三叶轮生⋯⋯⋯⋯⋯夹竹桃科Apocynaceae
            86. 叶椭圆形、卵形至长圆状倒卵形，叶对生⋯黄杨科Buxaceae
          85. 叶草质，落叶
            87. 叶主脉近弧形，顶生聚伞花序⋯⋯⋯山茱萸科Cornaceae
            87. 叶主脉不呈弧形，花成对着生
              88. 花成对着生，先白后黄⋯⋯⋯忍冬科Caprifoliaceae
              88. 总状花序，顶生花白色⋯⋯⋯⋯⋯木樨科Oleaceae
        84. 叶锯齿缘或有裂
          89. 叶具分支的星状毛，枝中空⋯⋯⋯虎耳草科Saxifragaceae
          89. 叶不具星状毛
            90. 枝中实，具木栓质翅⋯⋯⋯⋯卫矛科Celastraceae
            90. 枝中空，无翅，小枝黄褐色⋯⋯⋯木樨科Oleaceae
  81. 叶互生
    91. 植物具刺
      92. 叶具平行主脉⋯⋯⋯⋯⋯⋯⋯⋯⋯⋯鼠李科Rhamnaceae
      92. 叶具网状主脉

93. 叶全缘，菱状卵形或卵状披针形·············25 茄科 Solanaceae

93. 叶锯齿缘或有裂，裂片有锯齿

  94. 叶有裂，托叶明显·············11 蔷薇科 Rosaceae

  94. 叶无裂，托叶不显或无，枝具仰长横刺·······1 榆科 Ulmaceae

91. 植物不具刺

  95. 叶全缘，革质，有腺状鳞片·············杜鹃花科 Ericaceae

  95. 叶锯齿缘或有裂，无鳞片

    96. 花簇生，坚果，叶先端急尖·············桦木科 Betulaceae

    96. 花单生或呈伞房状花序·············11 蔷薇科 Rosaceae

37. 一年生、二年生或多年生草本植物

  97. 叶具网状脉、地下部分具主根，双子叶植物（次 97 项见 012 页）

  98. 叶柄基部膨大成叶鞘或托叶呈鞘状包围基部

    99. 具托叶鞘，花具单层花被，不呈伞形花序·······3 蓼科 Polygonaceae

    99. 具叶鞘，花具花萼与花冠，通常呈复伞形花序········伞形科 Apiaceae

  98. 不形成叶鞘和托叶鞘

    100. 叶轮生

      101. 叶全缘·············茜草科 Rubiaceae

      101. 叶锯齿缘·············28 桔梗科 Campanulaceae

    100. 叶对生、互生或基生

      102. 植物仅具基生叶，无茎生叶（无直立茎）

        103. 三出复叶或三小叶集生

          104. 三小叶集生叶柄顶端，小叶倒心形···13 酢浆草科 Oxalidaceae

          104. 三出复叶，小叶有裂·············8 毛茛科 Ranunculaceae

        103. 单叶

          105. 头状花序·············29 菊科 Asteraceae

          105. 不呈头状花序

            106. 花集成密穗状，花小、干膜质，叶脉近弧形·············

            ·············27 车前科 Plantaginaceae

            106. 不呈穗状花序，叶脉亦不为弧状

              107. 基生叶莲座状，花辐射对称

                108. 伞形花序，须根，一年生草本···20 报春花科 Primulaceae

                108. 聚伞花序，直根，花萼片白色或紫红色、干膜质·····

                ·············蓝雪科 Plumbaginaceae

              107. 基生叶不为莲座状

109. 花辐射对称，具匍匐茎⋯⋯⋯8毛茛科Ranunculaceae

109. 花两侧对称，无匍匐茎⋯⋯⋯⋯19堇菜科Violaceae

102. 植物具茎生叶，基生叶有或无

110. 复叶

111. 掌状复叶或掌状三出复叶

112. 三小叶集生于叶柄顶端，小叶倒心形，全缘，花黄色⋯⋯⋯⋯⋯⋯⋯

⋯⋯⋯⋯⋯⋯⋯⋯⋯⋯⋯⋯⋯⋯⋯⋯13酢浆草科Oxalidaceae

112. 小叶不为上状

113. 三出复叶，蝶形花冠⋯⋯⋯⋯12豆科Fabaceae

113. 掌状复叶，非蝶形花冠⋯⋯⋯⋯2桑科Moraceae

111. 羽状复叶或羽状三出复叶

114. 叶对生

115. 偶数羽状复叶，花小、黄色，蒴果有刺，植株伏卧⋯⋯⋯⋯⋯

⋯⋯⋯⋯⋯⋯⋯⋯⋯15蒺藜科Zygophyllaceae

115. 三出复叶⋯⋯⋯⋯8毛茛科Ranunculaceae

114. 叶互生

116. 植物具托叶

117. 叶全缘，蝶形花冠⋯⋯⋯⋯12豆科Fabaceae

117. 叶缘锯齿或裂，非蝶形花冠⋯⋯⋯⋯11蔷薇科Rosaceae

116. 植物不具托叶

118. 雄蕊多数，10个以上⋯⋯⋯⋯8毛茛科Ranunculaceae

118. 雄蕊数10或更少

119. 花2数，两侧对称⋯⋯⋯⋯9罂粟科Papaveraceae

119. 花5数，辐射对称，叶缘常具透明腺点⋯16芸香科Rutaceae

110. 单叶（全缘，羽状或掌状裂）

120. 叶对生

121. 植物具乳汁，叶全缘

122. 花钟状⋯⋯⋯⋯28桔梗科Campanulaceae

122. 花不为钟状⋯⋯⋯⋯21萝藦科Asclepiadaceae

121. 植物不具乳汁

123. 头状花序

124. 花序鸡冠状⋯⋯⋯⋯5苋科Amaranthaceae

124. 花序圆柱状或盘状⋯⋯⋯⋯29菊科Asteraceae

123. 非头状花序

125. 叶全缘

126. 花瓣分离

127. 茎节膨大‧‧‧‧‧‧‧‧‧‧‧‧‧‧‧‧‧‧‧‧‧‧‧‧7石竹科 Caryophyllaceae

127. 茎节不膨大‧‧‧‧‧‧‧‧‧‧‧‧‧‧‧‧‧‧‧‧金丝桃科 Hypericaceae

126. 花瓣结合

128. 植株矮小，高不过15cm，子房1室‧‧‧‧‧‧‧‧‧‧‧‧‧‧‧‧

‧‧‧‧‧‧‧‧‧‧‧‧‧‧‧‧‧‧‧‧‧‧‧‧‧‧龙胆科 Gentianaceae

128. 植株高20cm以上，子房3室‧‧‧‧‧‧花荵科 Polemoniaceae

125. 叶锯齿缘或有裂

129. 花两侧对称

130. 茎圆形，伞房状花序‧‧‧‧‧‧‧‧‧‧‧败酱科 Valerianaceae

130. 茎方形，花唇形‧‧‧‧‧‧‧‧‧‧‧‧‧24唇形科 Lamiaceae

129. 花辐射对称

131. 叶掌状或羽状裂，蒴果具长喙‧‧‧14牻牛儿苗科 Geraniaceae

131. 叶具羽状脉，不裂‧‧‧‧‧‧‧‧‧‧5苋科 Amarnathaceae

120. 叶互生或轮生

132. 头状花序‧‧‧‧‧‧‧‧‧‧‧‧‧‧‧‧‧‧‧‧‧29菊科 Asteraceae

132. 不呈头状花序

133. 植物具乳汁或有色汁液

134. 合瓣花，花瓣钟状‧‧‧‧‧‧‧‧‧‧28桔梗科 Campanulaceae

134. 花瓣分离或无花瓣

135. 无花瓣杯状聚伞花序‧‧‧‧‧‧‧17大戟科 Euphorbiaceae

135. 有花瓣，分离‧‧‧‧‧‧‧‧‧‧‧‧‧9罂粟科 Papaveraceae

133. 植物不具乳汁及有色汁液

136. 复伞形花序，茎分歧呈"之"字形，叶披针形、全缘，双悬果‧‧‧‧‧‧

‧‧‧‧‧‧‧‧‧‧‧‧‧‧‧‧‧‧‧‧‧‧‧‧‧‧‧‧伞形科 Apiaceae

136. 植物不为上状

137. 十字花冠，雄蕊6，花4数‧‧‧‧‧‧‧‧‧10十字花科 Brassicaceae

137. 非十字花冠

138. 植物具星状毛，花5数，具副萼，叶掌状裂，单体雄蕊‧‧‧‧‧‧

‧‧‧‧‧‧‧‧‧‧‧‧‧‧‧‧‧‧‧‧‧‧‧18锦葵科 Malvaceae

138. 植物不具星状毛

139. 花两侧对称

140. 花基部有距或垂囊状

141. 花瓣分离

　142. 具托叶 ……………………………19 堇菜科 Violaceae

　142. 不具托叶

　　143. 叶披针形，叶柄具腺，雄蕊 5 ……………………

　　　　……………………凤仙花科 Balsaminaceae

　　143. 叶羽状裂，叶柄无腺，雄蕊 6 ……………………

　　　　……………………9 罂粟科 Papaveraceae

　141. 花瓣结合 ……………26 玄参科 Scrophulariaceae

140. 花基部无距和囊状

　144. 叶掌状深裂或浅裂，雄蕊多数，上一萼片呈风兜状 ……

　　　　……………………8 毛茛科 Ranunculaceae

　144. 叶全缘或有锯齿

　　145. 叶全缘，线形，花瓣 3，中间一瓣具隧状边缘 ………

　　　　……………………远志科 Polygalaceae

　　145. 叶锯齿缘，花瓣不为隧状边缘 ……………………

　　　　……………………26 玄参科 Scrophulariaceae

139. 花辐射对称

146. 具托叶 …………………………………11 蔷薇科 Rosaceae

146. 无托叶

　147. 花 4 数，雄蕊 8，子房下位，叶通常全缘或稍有小锯齿，花瓣黄色 ……

　　　　……………………柳叶菜科 Oenotheraceae

　147. 花 5 数，若 4 数者无花瓣

　　148. 叶全缘

　　　149. 叶及茎上通常具粗硬毛，合瓣花 ……23 紫草科 Boraginaceae

　　　149. 植物无粗硬毛

　　　　150. 叶狭线形，无花瓣，非肉质，花无柄 ……檀香科 Santalaceae

　　　　150. 叶宽不为线形，若为线形则常肉质

　　　　　151. 单层花被，无花瓣

　　　　　　152. 叶背脉显著突出 ……………5 苋科 Amaranthaceae

　　　　　　152. 叶背脉不突出 ……………4 藜科 Chenopodiaceae

　　　　　151. 花具花萼与花冠

　　　　　　153. 叶缘多少呈波状，常呈假对生，轮状花冠，子房 2 室或假室 ……………………25 茄科 Solanaceae

　　　　　　153. 叶缘不呈波状，子房 1 室 ………20 报春花科 Primulaceae

148. 叶锯齿缘

154. 有花瓣，叶近肉质·····················景天科 Crassulaceae

154. 无花瓣，叶非肉质，心皮 3·············17 大戟科 Euphorbiaceae

97. 叶具平行脉，根为须根，无向下直伸的主根，单子叶植物

155. 禾草状植物

156. 秆圆形

157. 节明显，叶两列，叶片和叶鞘间有叶舌·········30 禾本科 Poaceae

157. 节间极短，具不明显纵沟，无叶舌，花被 6 片···灯芯草科 Juncaceae

156. 秆通常三棱形，叶 3 列，叶鞘闭合·········31 莎草科 Cyperaceae

155. 非禾草状植物

158. 叶通常剑形，基部呈套褶状排列··············34 鸢尾科 Iridaceae

158. 叶不呈套褶状排列

159. 叶显具侧出的平行叶脉，叶宽达 20cm 以上······美人蕉科 Cannaceae

159. 叶不显具侧出平行脉，叶宽不超过 10cm

160. 叶具叶鞘，花通常具绿色或紫色佛焰苞···32 鸭跖草科 Commelinaceae

160. 不具叶鞘

161. 花两侧对称或不对称形，花萼花瓣区别明显，根状茎有辛辣味·····························姜科 Zingiberaceae

161. 花近辐射对称，花被花瓣状，常具鳞茎、根茎、块茎和球茎·····························33 百合科 Liliaceae

第二部分

常见野生植物

一、榆科 Ulmaceae

1. 榆树 *Ulmus pumila* L.

【别名】

家榆、白榆、春榆、粘榔树、钱榆、毛枝榆、大年榔、止血树、榆钱树。

【分类地位】

双子叶植物，榆科，榆属。

【形态特征】

多年生落叶乔木，高可达25m，胸径1m，在干瘠之地长成灌木状。幼树树皮平滑，呈灰褐色或浅灰色，成年树皮暗灰色，分布不规则深纵裂，表皮粗糙。幼嫩枝条无毛或有毛，呈淡黄灰色、淡褐灰色或灰色，稀淡褐黄色或黄色，有散生皮孔，无膨大的木栓层及凸起的木栓翅；越冬芽球形或卵圆形，芽鳞背面光滑，内层芽鳞的边缘分布白色长柔毛。单叶互生，叶片椭圆状卵形、长卵形、椭圆状披针形或卵状披针形，长2～8cm，宽1.2～3.5cm，先端渐尖或长渐尖，基部偏斜或近对称，叶面平滑无毛，幼叶背面偶有短柔毛，成熟后无毛或部分脉两侧有簇生毛，叶缘呈重锯齿或单锯齿，侧脉每边9～16条，叶柄长4～10mm。

聚伞状花序簇生于前一年生枝的叶腋，先叶开放；花被4～5裂；雄蕊4～5枚，花药紫色；雌蕊1枚，子房上位，扁平，柱头2裂。翅果近圆形或倒卵形，长1.2～2cm，顶端缺口柱头面被毛，其余各处无毛，果核部分位于翅果的中部，果与翅相同，成熟前淡绿色，后转变为白黄色，宿存花被无毛，4浅裂，裂片边缘有毛，果梗长1～2mm，被短柔毛。种子1枚存在于果核内。花期3～4月，果期5～6月。

【生长环境】

生于山坡、山谷、川地、丘陵及沙冈等处。各处亦有栽培者。

【应用】

食用：树皮内含淀粉及黏性物，磨成粉称榆皮面。掺和面粉中可食用，并可作为醋原料。幼嫩翅果与面粉混拌可蒸做面食。

药用：以果实、树皮、叶、根入药。果实有安神健脾的功效，用于治疗神经衰弱、失眠、食欲不振、白带等症。皮、叶有安神、利小便的功

(a)

落叶乔木；幼树皮平滑、浅灰色；
聚伞状花序簇生

(b)

先花后叶；卵形叶锯齿缘；翅果淡绿色；
种子位于翅果中部

榆树

效，用于治疗神经衰弱、失眠、体虚浮肿等症。内皮可外用治疗骨折及外伤出血。

工业：树干纹理直，结构略粗，坚实耐用，供家具、车辆、农具、器具、桥梁、建筑等用。枝皮纤维坚韧，可作麻制绳索、麻袋或作人造棉与造纸原料。老果含油25%，可供医药和轻、化工业用。叶可作饲料。

绿化：榆树生长快、根系发达，适应性强，耐寒，耐盐碱，可作荒漠、荒山、沙地、滨海盐碱等地区绿化树种。

二、桑科 Moraceae

2. 大麻 *Cannabis sativa* L.

【别名】

山丝苗、线麻、胡麻、野麻、火麻、汉麻、黄麻、魁麻、麻麻勃。

【分类地位】

双子叶植物，桑科，大麻属。

【形态特征】

一年生直立草本，高1～3m，具特殊气味。茎灰绿色，具纵生沟槽，密生灰白色贴伏毛；茎皮韧皮纤维细长，坚韧。单叶互生，叶片掌状全裂，裂片披针形或线状披针形，长7～15cm，叶片中裂片最长，宽0.5～2cm，叶片先端渐尖，基部狭楔形，成熟叶片表面深绿着生稀疏糙毛，幼嫩叶片密生灰白色贴状毛，叶缘呈向内弯粗锯齿状，叶片表面叶脉微下陷，背面隆起；叶柄长3～15cm，密被灰白色或紫红色贴伏毛；托叶线形。

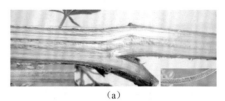
(a)
茎具纵生沟槽，密生灰色白毛，茎皮纤维长

雌雄异株；雄花成长圆状总状花序，长达25cm，花黄绿色，花被5片膜质，外侧着生细伏贴毛，雄蕊5枚，花丝极短，花药呈长圆形；小花柄长2～4mm；雌花序短穗状，腋生，雌花绿色，花被1片，薄膜质，紧密包裹子房，着生疏松白毛，子房近球形，外包苞片；瘦果扁球形，为宿存黄褐色苞片所包，果皮坚脆，表面分布细网纹。花期5～7月，果期为7～8月。

(b)
直立草本；互生掌状全裂叶片具粗锯齿缘

注：按最新的分类研究，将大麻划入大麻科植物。

(c)
雄花黄绿色；瘦果扁球形

大麻

【生长环境】

栽培植物常逸为野生状态，生于山坡、路旁、河边等向阳潮湿环境。

【应用】

药用： 植物果实中医称"火麻仁"或"大麻仁"，入药，性平、味甘，具有润肠的功效，可用于治疗大便燥结。花称为"麻勃"，主治恶风、经闭、健忘等症。果壳和苞片称为"麻蕡"，有毒，用于治疗劳伤、破积、散脓等症，服用过量令人发狂。叶含麻醉性树脂，可用来配制麻醉剂。

工业： 茎皮纤维长且坚韧，可用于织麻布、纺线、制绳索、编织渔网及造纸。种子榨油，含油量30%，可做油漆、涂料等，油渣可作为饲料。

3. 葎草 *Humulus scandens* (Lour.) Merr.

【别名】

蛇割藤、割人藤、拉拉秧、拉拉藤、五爪龙、勒草、葛葎蔓、穿肠草。

【分类地位】

双子叶植物，桑科，葎草属。

【形态特征】

一年生或多年生蔓性或缠绕性草本植物，可长达数米，全株（茎、枝、叶柄）有倒钩刺。茎四棱，蔓性或缠绕于其他物体上。单叶对生，叶柄长5～10cm；叶片纸质，呈肾状五角形，掌状5～7深裂，长宽7～10cm，裂片呈卵形、卵状三角形或长圆状披针形，中央裂片长，叶缘粗锯齿或粗重锯齿状，上表面粗糙，稀疏着生糙伏毛，下表面着生柔毛和黄色腺体，叶基部心脏形。

雌雄异株；雄花小，淡黄绿色，集生成开展的圆锥花序，长15～25cm，花被片5枚，有茸毛及腺点，雄蕊5枚，花丝短，与花被片对生；雌花绿色，10余朵集成下垂的穗状花序，苞片纸质，为三角形或卵状披针形，全缘，鳞状苞花呈球果形，径约5mm，顶端渐尖，具白色茸毛，每苞内生2枚雌花，雌蕊子房上位，柱头2个，伸出苞片外。瘦果扁圆形，淡黄色，成熟时露出苞片外。花期6～8月，果期7～8月。

注：按最新的分类研究，将葎草划入大麻科植物。

【生长环境】

常野生于沟旁、荒地、废墟、林边、灌丛、壕边、墙脚等地。

【应用】

食用： 果穗可代啤酒花食用。

药用： 全草可晒干、切碎入药，具有清热、利尿、消淤、解毒的疗效。可用于治疗淋病、小便不利、疟疾、腹泻、痢疾、肺结核、肺脓疡、

（a）

草本植物：缠绕性四棱茎具倒钩刺

葎草

(b)	(c)
缠绕性草本植物；掌状深裂叶具粗锯齿缘	淡绿色雄花成圆锥花序；球果状雌花成穗状花序

葎草

肺炎、癞疮、痔疮、痈毒、瘰疬等症。

工业：茎皮纤维可作造纸原料，种子油可制肥皂。

三、蓼科 Polygonaceae

4. 萹蓄 *Polygonum aviculare* L.

【别名】
编竹、粉节草、野铁扫把、蚂蚁草、七星草、铁片草、扁猪牙。

【分类地位】
双子叶植物，蓼科，萹蓄属。

【形态特征】
一年生草本，高 10 ～ 40cm。主根细长，圆柱形，稍木质化，与须根均呈红褐色。茎平卧或直立上升，近地处分枝较多，绿色，微有棱。单叶互生，叶片椭圆形、狭椭圆形或披针形，长 1 ～ 4cm，宽 3 ～ 12mm，顶端钝圆或急尖，基部楔形，全缘，两面光滑无毛，叶下表面侧脉明显；叶柄短或近无柄，基部具关节；托叶鞘短，2 裂，膜质，下褐上白，撕裂脉明显。

花单生或 1 ～ 5 朵簇生于叶腋，遍布于植株；苞片薄膜质，透明；花梗细短；花被 5 深裂，花被片椭圆形，长 2 ～ 2.5mm，绿色，边缘白色或

(a)

花单生叶腋；披针形互生叶全缘；托叶鞘膜质

(b)

草本植物；平卧茎近地处分枝

(c)

花被片边缘白色或淡红色；叶下表面侧脉明显

萹蓄

淡红色；雄蕊8枚，花丝短，基部扩展；雌蕊1枚，子房上位，花柱3个，柱头头状。瘦果呈三棱状卵形，比花被长，长2.5～3mm，黑褐色，有细条纹，无光泽。花期5～7月，果期6～8月。

【生长环境】

常生于山坡、草地、田边、路旁和沟边湿地。

【应用】

食用：含蛋白质、糖、维生素等多种营养成分，嫩茎叶可食用，也可晒干作干菜食用，营养价值较高。

药用：全草入药，有通经利尿、清热解毒、杀虫止痒的功效，用于皮肤湿疹、阴痒等症。

工业：嫩茎叶和干品可用作牛、羊、猪、兔等的饲料。

5. 红蓼 *Polygonum orientalis* (L.) Spach

【别名】

荭草、大红蓼、大毛蓼、狗尾巴花、荭蓼、阔叶蓼、水红花、白叫化子、东方蓼。

【分类地位】

双子叶植物，蓼科，蓼属。

【形态特征】

一年生草本。茎直立，粗壮，高可达2m，上部分枝较多，着生开展的长柔毛。叶呈宽卵形、宽椭圆形或卵状披针形，长10～20cm，宽5～12cm，叶渐尖，叶基呈圆形或近心形，微下延，叶缘全缘，密生柔毛，叶片上下表面密生短柔毛，叶脉密生长柔毛；叶柄长2～10cm，着生长柔毛；托叶鞘呈筒状，膜质，长1～2cm，密被长柔毛，通常沿顶端有草质、绿色的翅。

穗状总状花序，顶生或腋生，长3～7cm，花紧密着生，微下垂；苞片绿色，呈宽漏斗状，长3～5mm，草质，着生短柔毛，每苞内具3～5花；花梗长于苞片；花被淡红色或白色，5深裂，花被片呈椭圆形，长3～4mm；雄蕊7枚，长于花被，花丝与花药白色；花盘明显；雌蕊1枚，子房上位，花柱2个，中下部合生，柱头头状。瘦果近圆形，两侧有棱，向内凹陷，直径3～3.5mm，黑褐色，有光泽，

（a）

茎粗壮，着生长柔毛；筒状托叶鞘膜质

（b）

直立茎多分枝；叶大型宽卵形全缘；花序顶生或腋生

（c）

穗状花序，花被淡红色，雄蕊花药白色

红蓼

包于宿存花被内。花期6～9月，果期8～10月。

【生长环境】

常生于沟边湿地、村边路旁、池塘边、河岸等地。

【应用】

食用：嫩叶可食，可沸水焯熟后食用。

药用：全草或带根全草、花序、果实均可入药，有活血、止痛、消积、利尿的功效，用于治疗风湿性关节炎、疟疾、疝气、脚气、疮肿等症。

绿化：红蓼是绿化、美化庭园的优良草本植物。红蓼的茎、叶、花适于观赏，也可作插花材料。

6. 皱叶酸模 *Rumex crispus* L.

【别名】

洋铁叶子、四季菜根、牛耳大黄根、土大黄、羊蹄根、羊蹄、牛舌片。

【分类地位】

双子叶植物，蓼科，酸模属。

【形态特征】

多年生草本植物，高50～100cm。直根粗壮，圆柱形或圆锥形，长20～35cm，直径2～4cm，黄色或棕黄色，肥厚有酸味。茎直立，有明显纵棱（浅沟槽），有节，中空，通常单生不分枝，无毛。基生叶和茎下部叶有长柄；叶片长圆状披针形或带状披针形，长14～26cm，宽2～4cm，顶端渐尖，基部广楔形，边缘有波状皱褶；茎生叶狭披针形，向上渐小，叶柄也渐短，托叶鞘膜质，筒状，常破裂；茎上部叶小，有短柄。

数个腋生的总状花序组成圆锥状花序，顶生狭长，长达60cm；花两性，多数；花梗细长，中下部具关节；花被片6枚，绿色，排成2轮，每轮3片，宿存；外轮花被片椭圆形，内轮花被片在果时增大，卵圆形，长达5mm，顶端钝或急尖，基部心形，全缘或有不明显的齿，有网状脉纹，背部通常有一长圆状小瘤状突起，大小不一；雄蕊6枚，成3对与外轮花被对生；雌蕊1枚，子房上位，柱头3，画笔状。瘦果椭圆形，有3棱，顶端尖，棱角锐利，长2mm，褐色，有光泽。花期6～7月，果期7～8月。

【生长环境】

生长于河谷、河滩、灌丛林缘、草滩、沟边湿地、荒地、路旁和农田附近。

【应用】

药用：以根和根茎入药，药用名称为牛耳大黄，味苦、性寒，有清热解毒、止血、通便、杀虫之功效。内服主治鼻出血、子宫出血、血小板减少性紫癜、大便秘结等；外用治外痔、急性乳腺炎、黄大疮、疖肿、皮癣等。

（a）
直根粗壮、圆柱形，根表黄色

（b）
直立茎有明显纵棱；长圆状叶片具波状皱褶缘

（c）
基生叶具长柄；花被片卵圆形；瘦果三棱锐利

皱叶酸模

四、藜科 Chenopodiaceae

7. 尖头叶藜 *Chenopodium acuminatum* Willd.

【别名】

绿珠藜、渐尖藜、金边儿灰菜、尖头藜、圆叶藜、红眼圈灰菜。

【分类地位】

双子叶植物，藜科，藜属。

【形态特征】

一年生草本，高20～80cm。茎直立有棱，带绿色或紫红色色条，分枝较多，侧枝斜向上生长，枝条细瘦。叶片呈宽卵形至卵形，茎上部叶片有时呈卵状披针形，长2～4cm，宽1～3cm，先端急尖或短渐尖，基部宽楔形、圆形或近截形，叶片上表面无粉，浅绿色，下表面有粉，灰白色，叶缘全缘，具半透明环边；叶柄长1.5～2.5cm。

花为两性花，在枝条上部排列紧密，团伞花序或有间断的穗状或穗状圆锥状花序，花序轴圆柱状被毛；花被呈扁球形，裂片宽卵形，边缘膜质，附着红色或黄色粉粒，果时背面增厚合并呈五角星形；雄蕊5枚，花

(a)

直立草本；卵状全缘叶边缘具半透明环边

尖头叶藜

(b) 有棱茎带紫红色色条；穗状花序顶生　　　　　(c) 花序紧密排列成团伞状

尖头叶藜

药长约0.5mm。胞果顶端呈扁圆形或卵形。种子横生，直径约1mm，黑色，有光泽，种皮表面略具点纹。花期6～7月，果期8～9月。

注：按最新的分类研究，将尖头叶藜划入苋科植物。

【生长环境】

生于荒地、河岸、田边、海边沙地等处。

【应用】

药用：全草可入药，可治疗风寒头痛、四肢胀痛等症。

工业：植株含有丰富的植物活性皂苷，有起泡剂作用，可用于研发植物型洗护产品，具有抗皮肤皲裂、保湿、促进皮肤表皮细胞增殖愈合的作用。

8. 藜 *Chenopodium album* L.

【别名】

灰条菜、灰菜、红心灰藜、灰苋菜、落藜、蔓华、胭脂菜、灰苋菜。

【分类地位】

双子叶植物，藜科，藜属。

【形态特征】

一年生草本，高30～150cm。茎秆直立粗壮，具条棱带绿色或紫红色色条，分枝较多；侧枝斜向上生长或开展。叶片呈菱形、卵形至宽披针形，长3～6cm，宽2.5～5cm，叶片先端急尖或微钝，基部楔形至宽楔形，叶片上表面通常无粉，嫩叶偶有紫红色粉末，叶片下表面有粉，叶缘呈不整齐锯齿状；叶柄与叶片等长或为叶片长1/2。

花两性，紧密排列于枝条上部，排列成穗状圆锥状或圆锥状花序；花被裂片5片，宽卵形至椭圆形，背面呈纵向隆起背脊，有粉，花被先端微向内凹陷，边缘膜质；雄蕊5枚，花药伸出花被，柱头2个。果皮与种子贴生。种子横生，双凸镜状，直径1.2～1.5mm，边缘钝形，黑色，有光泽，表面具浅沟纹；胚环形。花果期5～10月。

注：按最新的分类研究，将藜划入苋科植物。

【生长环境】

我国各地均有分布，常生于路旁、荒地及田间，是一种很难根除的田间杂草。

【应用】

食用：植株幼苗可食用。

药用：富含挥发油，全草可入药，有微毒，有清热、利湿、杀虫、止痒的功效，可用于治疗痢疾、腹泻、湿疮痒疹、毒虫咬伤等症。

工业：植株幼嫩茎叶可作家畜家禽饲料。

（a）

直立草本；茎秆粗壮带棱；卵形叶片具锯齿缘

（b）

叶片下表面有粉，嫩叶偶有紫红色粉末

（c）

穗状圆锥状花序顶生，花药伸出花被

藜

9. 灰绿藜 *Oxybasis glauca* (L.) S. Fuentes, Uotila & Borsch

【别名】

翻白藜、小灰菜、盐灰菜、飞扬草、灰苑菜、灰芥菜、灰条菜、黄瓜菜。

【分类地位】

双子叶植物，藜科，藜属。

【形态特征】

一年生草本，高20～40cm。茎平卧或向外倾斜生长，多分枝，表皮绿色或具紫红色条棱。叶片呈矩圆状卵形至披针形，长2～4cm，宽6～20mm，肥厚，叶尖为急尖或钝，叶基渐狭，叶缘为缺刻状牙齿，叶片上表面无粉，平滑，下表面有粉而呈灰白色，略带紫红色；叶中脉明显，黄绿色；叶柄长5～10mm。

花两性，数朵花聚成团伞花序，排列为有间断的穗状或圆锥状花序；花被浅绿色裂片3～4片，稍肥厚，无粉，呈狭矩圆形或倒卵状披针形，长不足1mm，先端钝形；雄蕊1～2枚，花丝不伸出花被，花药球形；柱头2个较短。胞果顶端露出花被外，果皮膜质，黄白色。种子扁球形，直径0.75mm，横生、斜生及直立，呈暗褐色或红褐色，边缘钝，表面分布细点纹。花期5～8月，果期7～10月。

注：按最新的分类研究，将灰绿藜划入苋科植物。

【生长环境】

常生于农田、菜园、村房、水边等有轻度盐碱的土壤上。

【应用】

食用：幼嫩茎叶可食用。

药用：全草入药，功能与蕨菜相同，可用于治疗头昏目眩、高血压等症。

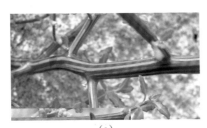

（a）

茎多分枝，表皮具紫红条棱

灰绿藜

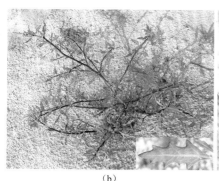
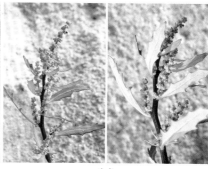

(b)
茎倾斜生长；肥厚披针形叶片具缺刻状
牙齿缘

(c)
叶下面灰白色有粉；浅绿色花聚成穗状
团伞花序

灰绿藜

工业：叶富含蛋白质，可作为饲料添加剂和人类食品添加剂。根系吸附盐碱，增加有机质含量，可明显改良土壤。

10. 小藜 *Chenopodium ficifolium* Smith

【别名】

小灰菜、灰条菜、灰灰菜、苦落藜、小叶藜、野苋菜、灰涤菜、灰苋菜。

【分类地位】

双子叶植物，藜科，藜属。

【形态特征】

一年生草本，全株密被灰白色粉粒。茎直立，多分枝，高20～50cm，有条棱及绿色色条。叶片呈卵状矩圆形，表面绿色，背面灰绿色，长2.5～5cm，宽1～3.5cm，通常三浅裂；中裂片两边近平行，叶尖钝或急尖有短尖头，叶缘为深波状锯齿；侧裂片位于中部以下，通常各有2浅裂齿。

两性花，绿色，数个聚集排列为开展的顶生圆锥状花序；花被近球形，5深裂，裂片呈宽卵形，不开展，裂片背面脊微隆起，着生密粉；雄蕊5枚，开花时外伸，柱头2个，呈丝形。胞果位于花被内，果皮与种子贴生。种子双凸镜状，黑色，有光泽，直径约1mm，边缘微钝，表面分布六角形细注；胚环形。花期5～8月，果期7～10月。

注：按最新的分类研究，将小藜划入苋科植物。

【生长环境】

为常见田间杂草，有时也生于荒地、道旁、垃圾堆等处。

【应用】

食用： 幼嫩茎叶可炒熟食用，不宜食用过多。

药用： 全草入药，有清热解毒、清湿热的功效，用于治疗疮疡肿毒、疥癣风瘙、蜘蛛咬伤等症。

工业： 植株含有毒物质卟啉，食用过多会引起牲畜中毒，不宜作饲料。

（a）

全株密被灰白色粉粒；圆锥状花序顶生

（b）

卵状矩圆形叶三浅裂，叶缘波状锯齿裂，
叶背面灰绿色

（c）

绿色花聚集成圆锥花序，雄蕊开花时外伸

小藜

11. 地肤 *Bassia scoparia*（L.）A.J.Scott

【别名】

地麦、落帚、扫帚苗、扫帚菜、孔雀松、绿帚、观音菜、地肤子。

【分类地位】

双子叶植物，藜科，沙冰藜属。

【形态特征】

一年生草本，高50～100cm。根略呈纺锤形。茎直立，圆柱状，淡绿色或带紫红色，有多数条棱，稍有短柔毛或下部几无毛；分枝稀疏，斜上。单叶互生，叶片线形、条形、披针形或条状披针形，长2～5cm，宽3～9mm，无毛或稍有毛，先端短渐尖，基部渐狭入短柄，全缘，通常有3条明显的主脉，边缘有疏生的锈色绢状缘毛；茎上部叶较小，无柄，1脉。植株嫩绿色，秋季叶色变红。

花通常1～3个生于上部叶腋，构成疏穗状圆锥状花序，花下有时有锈色长柔毛，花两性或雌性。花被近球形，淡绿色，花被片5枚，基部联合；花被片卵形或近三角形，内屈，背部近先端处有绿色隆脊及横生的翅，无毛或先端稍有毛；翅端附属物三角形至倒卵形，有时近扇形，膜质，脉不很明显，边缘微波状或具缺刻；雄蕊5枚，花丝丝状，伸出花被外，花药淡黄色；雌蕊1枚，子房上位，宽卵形，柱头2个，丝状，紫褐色，花柱极短。胞果扁球状五角星形，直径1～3mm；外被宿存花被，表面灰绿色或浅棕色，周围具膜质小翅5枚，背面中心有微突起的点状果梗痕及放射状脉纹5～10条；果皮膜质，与种子离生。种子扁卵形，黑褐色，长1.5～2mm，稍有光泽。花期6～9月，果期7～10月。

注：按最新的分类研究，将地肤划入苋科植物。

【生长环境】

生长于山野荒地、田野、路旁河边及庭院附近。

（a）

绿色球形花生于叶腋，雄蕊花开时伸出花被外

地肤

(b) 　　　　　　　　　　　　　　　　　　(c)

直立茎皮带紫红色；单叶互生　　　　　　　线形叶全缘；穗状圆锥状花序腋生

地肤

【应用】

食用：地肤嫩茎叶含蛋白质、脂肪、糖类、粗纤维、胡萝卜、维生素等人体需要的营养物质，地肤的幼苗及嫩茎叶可炒食或做馅，也可烫后晒成干菜贮备，或者炒肉丝色艳鲜爽，也可制糕点。

药用：地肤干燥成熟果实入药称地肤子，性味辛、苦、寒，有利尿通淋、清热利湿、祛风止痒的功效，常用于治疗小便不利、小便淋漓不尽、小便涩痛、阴痒带下、风疹、湿疹、皮肤瘙痒、外阴瘙痒、白带黄稠、白带气味腥臭等症。

绿化：地肤植株枝叶秀丽、叶形纤细、株形优美、入秋泛红，多用于花坛、花境、花丛、花群，布置花篱、花境或数株丛植于花坛中央，可修剪成各种几何造型进行布置。盆栽地肤可点缀和装饰于厅、堂、会场等。

五、苋科 Amaranthaceae

12.反枝苋 *Amaranthus retroflexus* L.

【别名】

西风谷、苋菜、野苋菜、茵茵菜、红根苋、西天谷、野甜菜。

【分类地位】

双子叶植物，苋科，苋属。

【形态特征】

一年生草本，高20～80cm，最高可达1m。直根系，主根粗壮，红色或淡红色，有众多侧根和白色须根。茎直立粗壮，单一或分枝，淡绿色，有时带紫色条纹，稍具钝棱，密生短柔毛。单叶互生，叶片呈菱状卵形或椭圆状卵形，长5～12cm，宽2～5cm，顶端锐尖，基部楔形，全缘或波状缘，上下表面及边缘生有柔毛；叶柄被柔毛，长1.5～5.5cm，淡绿色，偶有淡紫色。

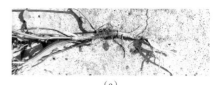

（a）

主根粗壮、淡红色，侧根黄白色

（b）

单叶互生，菱状卵形叶片全缘

由多数穗状花序形成圆锥花序，顶生及腋生，顶生花序长于侧生花序，直立生长，直径为2～4cm。花单性或杂性，苞片及小苞片白色，呈钻形，长4～6mm，背面有1龙骨状突起，伸出顶端成白色尖芒；花被片矩圆形或矩圆状倒卵形，长2～2.5mm，薄膜质，白色，有1淡绿色细中脉，顶端尖；雄蕊5枚，长于花被片；雌花花柱2～3个，内侧有小齿。蒴果扁卵

（c）

直立茎粗壮分枝；圆锥花序顶生

反枝苋

形，长约1.5mm，环状横裂，薄膜质，淡绿色，包裹于宿存花被片内。种子扁球形，直径1mm，棕色或黑色。花期7～8月，果期8～9月。

【生长环境】

性喜潮湿肥沃土壤，常生于田园、农地、草地、路旁，为旱田、菜田、果园常见杂草。

【应用】

食用：营养价值较高，嫩茎叶可作野菜食用。种子富含赖氨酸、钙、磷、淀粉等，可加工食用或作食品添加剂。

药用：全草药用，有清热、解毒的功效，常用于治疗疮肿、牙疳、虫

咬、腹泻、痢疾、痔疮肿、阴囊肿痛、跌打损伤、崩漏、带下、出血、疼痛等症。

工业：嫩茎叶及晒干后均可作家畜饲料。

13. 凹头苋 *Amaranthus blitum* Linnaeus

【别名】
野苋菜、光苋菜、紫苋、人情菜、细苋、苋子菜、迷糊菜。

【分类地位】
双子叶植物，苋科，苋属。

【形态特征】
一年生草本，高10～30cm，全株光滑无毛。直根系，主根明显。茎伏卧向上生长，从基部分枝，呈淡绿色或紫红色。叶片卵形或菱状卵形，长1.5～4.5cm，宽1～3cm，顶端凹缺，芒尖1个，微小不显，基部宽楔形，叶全缘或稍呈波状；叶柄长1～3.5cm。

花为腋生花簇，直至下部叶的腋部，生在茎端和枝端者成直立穗状花序或圆锥花序；苞片及小苞片为矩圆形，长不足1mm；花被片3枚，呈矩圆形或披针形，长1.2～1.5mm，淡绿色，顶端急尖，边缘内曲，背部有1隆起中脉；雄蕊3枚，短于花被片；雌蕊子房1枚，柱头2或3个，果熟时脱落。胞果扁卵形，长3mm，微皱缩而近平滑，超出宿存花被片。种子环形，黑色至黑褐色，直径约12mm，边缘呈环状边。花期7～8月，果期8～9月。

（a）
直立草本植物，野生于贫瘠场所
凹头苋

|（b）|（c）|
|单叶互生，卵形全缘叶片顶端凹缺|绿色花成直立穗状花序|

凹头苋

【生长环境】

常生于路旁、墙边、田野、杂草地，为常见田间杂草之一。

【应用】

食用：幼嫩茎叶可食用。

药用：全草入药，有清热解毒、缓和止痛、收敛利尿的功效，可用于治疗痢疾、肝热目赤、乳痈、痔疮、毒蛇咬伤、甲状腺肿大等症。种子有明目、利大小便、祛寒热的功效。鲜根有清热解毒的功效。

工业：营养丰富，纤维素含量少，青饲或晒干均可作多种畜禽饲料。

六、马齿苋科Portulacaceae

14. 马齿苋 *Portulaca oleracea* L.

【别名】

马齿菜、麻绳菜、猪母菜、瓜仁菜、长命菜、五行菜、五方草。

【分类地位】

双子叶植物，马齿苋科，马齿苋属。

【形态特征】

一年生草本，植物全株无毛。茎平

（a）
野生马齿苋嫩株

马齿苋

（b）   （c）

全株无毛；伏地铺散茎多分枝；马齿状叶全缘   黄色花生于枝顶

马齿苋

卧或斜倚，伏地铺散，多分枝，圆柱形，长10～15cm，淡绿色或带暗红色。叶互生，有时近对生，叶片扁平，肥厚，倒卵形，似马齿状，长1～3cm，宽0.6～1.5cm，顶端圆钝或平截，有时微凹，基部楔形，全缘，叶片上表面暗绿色，下表面淡绿色或带暗红色，中脉微隆起；叶柄粗短。

花无梗，直径4～5mm，常3～5朵簇生枝端，午时盛开；苞片2～6片，呈叶状，膜质，近轮生；萼片2片，对生，绿色，盔形，左右压扁，长约4mm，顶端急尖，背部具龙骨状凸起，基部合生；花瓣5片，稀4片，黄色，倒卵形，长3～5mm，顶端微凹，基部合生；雄蕊通常8枚或更多，长约12mm，花药黄色；子房无毛，花柱比雄蕊稍长，柱头4～6裂，线形。蒴果卵球形，长约5mm，盖裂；种子细小，偏斜球形，黑褐色，有光泽，直径不及1mm，具小疣状凸起。花期5～8月，果期6～9月。

【生长环境】

喜肥沃土壤，耐旱耐涝，生活力强，生长于菜园、农田、路旁，为田间常见杂草。

【应用】

食用：嫩茎叶可作蔬菜，味酸。

药用：全草供药用，有清热利湿、解毒消肿、消炎、止渴、利尿作用。可用于湿热所致的腹泻、痢疾。茎叶内服或捣汁外敷，治痈肿。对便血、子宫出血有止血作用。种子还有清肝明目的功效。

工业：可作兽药和农药使用，马齿苋浸泡液可防治马铃薯晚疫病及小麦锈病。嫩茎叶亦可作家畜饲料。

七、石竹科 Caryophyllaceae

15. 无瓣繁缕 *Stellaria pallida* (Dumortier) Crepin

【别名】

苍白繁缕、小繁缕。

【分类地位】

双子叶植物，石竹科，繁缕属。

【形态特征】

一年生或二年生草本，全株鲜绿色。根很浅。茎下部平卧，有时上升，基部多分枝，近四棱，具光泽，疏被1行短柔毛，逐渐至茎上部光滑无毛，常带淡紫红色。单叶对生；下部叶片小，倒卵形至倒卵状披针形，长0.5～1cm，宽0.5cm，顶端急尖，基部楔形，全缘，两面无毛，基部下延至柄，柄长0.5cm左右；上部及中部者无柄或由叶基下延渐狭成柄，叶柄两侧具少数较长的柔毛。

二歧聚伞花序顶生，花梗细长，光滑无毛，长约1cm。花萼5片，长3～4mm，披针形、顶端急尖或卵圆状披针形而近钝，具极狭膜质边缘，光滑无毛或多少被密柔毛，果时宿存；花瓣无或小，近于退化；雄蕊（0）3～5（10）枚，多为3枚。雌蕊1枚，子房上位，卵形，1室，花柱3个、短小。蒴果卵形至长卵形，稍长于宿存萼，顶端6瓣裂，具多数种子。种

（a）

平卧茎表面被短毛；倒卵形对生叶全缘，有长柄

无瓣繁缕

（b）　　　　　　　　　　　　　　　　　（c）

丛生植株鲜绿色；茎基部多分枝　　　　二歧聚伞花序顶生；花无花瓣，花萼披针形

无瓣繁缕

子细小，圆肾形、卵圆形至近圆形，稍扁，淡红褐色，直径0.7～1.2mm，表面具半球形瘤状凸起，脊较显著，边缘多少锯齿状或近平滑。花期6～7月，果期7～8月。

【生长环境】

生于路边、宅旁、荒地和农田，为蔬菜地常见杂草，多见于温室大棚，以冬春季和秋季常见。

16. 女娄菜 *Silene aprica* Turcz.ex Fisch.et Mey.

【别名】

桃色女娄菜、王不留行、山蚂蚱菜、台湾蝇子草、对叶草、野罂粟。

【分类地位】

双子叶植物，石竹科，蝇子草属。

【形态特征】

一年生或二年生草本，高20～80cm，全株密被灰色短柔毛。主根较粗壮，稍木质。茎单生或数个，直立，基部多分枝或不分枝。基生叶莲座状着生，叶片倒披针形或狭匙形，长2～8cm，宽4～15mm，基部渐狭成长柄状，顶端急尖，全缘，中脉明显；茎生叶对生，叶片倒披针形、披针形、条状披针形或线状披针形，比基生叶稍小，长2～5cm，宽3～8mm，先端渐尖，基部楔形，全缘，密生短柔毛；上部叶无柄，下部叶具柄。

伞房状聚伞花序顶生，2～3回分歧，每分枝上有花2～3朵，花梗长5～20（40）mm，直立。苞片条形或披针形，草质，渐尖，具缘毛。花萼椭圆形或卵状钟形，长6～8mm，果期长达12mm，近草质，外面密生短柔毛，有绿色纵脉10余条，脉端多少连结；顶端5齿裂，萼齿三角状披针形，边缘膜质，具缘毛。花瓣5枚，粉红色或白色，倒卵形或倒披针形，长7～9mm，微露出花萼或与花萼近等长，顶端2浅裂，基部狭窄成爪，喉部有2鳞片；副花冠片舌状。雌雄蕊柄极短或近无，被短柔毛。雄蕊10枚，不外露，花丝基部具缘毛。雌蕊1枚，子房上位，长圆状圆筒形，基部外侧具短毛，花柱3个，不外露。蒴果椭圆形或卵形，长8～9mm，与宿存萼近等长或微长。种子圆肾形，长0.6～0.7mm，灰褐色，肥厚，具尖或钝的小瘤状突起。花期4～6月，果期6～8月。

【生长环境】

生于平原、丘陵、山坡、路旁、草地或山地。

【应用】

食用： 女娄菜的嫩叶可以食用，春夏两季采摘嫩叶，去杂洗净，用沸水浸烫一下，换冷水漂洗去除苦味，可凉拌、炒食、煮汤。

药用： 女娄菜全草入药，味辛、苦，性平，具有活血调经、下乳、健脾、利湿、解毒、利尿之功效，常用于治疗月经不调、乳少、小儿疳积、脾虚浮肿、疔疮肿毒、消化不良等症。

（a）

对生叶倒披针形全缘；茎叶密生短柔毛

（b）

聚伞花序顶生；花瓣白色，花萼有绿色纵脉

（c）

基生叶莲座状着生；叶片狭匙形全缘

女娄菜

八、毛茛科 Ranunculaceae

17. 大叶铁线莲 *Clematis heracleifolia* DC.

【别名】

木通花、草牡丹、牡丹藤、草本女萎、气死大夫。

【分类地位】

双子叶植物，毛茛科，铁线莲属。

【形态特征】

多年生直立草本或亚灌木，高0.3～1m。主根粗大，木质化，表面棕黄色。茎粗壮，直立或横卧，有明显的纵棱，密生白色糙茸毛，老茎渐无毛。三出复叶对生，长达30cm；中央小叶具长柄，小叶亚革质或厚纸质，卵圆形、宽卵圆形至近圆形，长6～15cm，宽3.5～8.5cm，先端急尖三浅裂，基部圆形或楔形，有时偏斜，边缘有不整齐的粗锯齿，齿尖有短尖头，叶面暗绿色，近于无毛，背面有曲柔毛，尤以叶脉为多，主脉及侧脉在叶面平坦，在背面显著隆起；侧生小叶近无柄，广椭圆形，先端渐尖或急尖，基部歪心形或圆形；叶柄粗壮，长4～15cm，被毛。

聚伞花序顶生或腋生，花梗粗壮，有淡白色的糙茸毛，花排列成2～3轮，每花下有一枚线状披针形的苞片。花杂性，雄花与两性花异株，花梗长1.5～2cm；花辐射对称，直径2～3cm；花萼长约1cm，下半部呈管

(a)

三出复叶小叶具卵圆形粗锯齿缘；蓝紫色花序腋生

(b)

粗壮茎有棱，密生白毛；瘦果，宿存花柱羽毛状

大叶铁线莲

状，顶端常反卷；萼片4枚，长椭圆形至宽线形，常在反卷部分增宽，长1.5～2cm，宽5mm，内面无毛，外面有白色厚绢状短柔毛，边缘密生白色茸毛；无花瓣；雄蕊多数，长约1cm，花丝线形或条形，被短细毛，花药线形与花丝等长，药隔疏生长柔毛；雌蕊心皮多数，分离，心皮被白色绢状毛。瘦果卵形或卵圆形，两面凸起，长约4mm，红棕色，被短柔毛，宿存花柱丝状或短羽状，长达3cm。花期8～9月，果期9～10月。

【生长环境】

喜冷凉、养分丰富、湿润和透水性好的土壤，常生长于山坡沟谷、山地疏林、山谷、山坡杂草丛、林边及路旁灌丛中。

【应用】

药用：全株入药，味辛、甘、苦，性微温，该种根为药用，有祛风除湿、止泻痢、消痈肿、祛瘀、利尿、解毒之功效，可用于治疗风湿性关节炎、泄泻、痢疾、肺痨、结核性溃疡、瘘管等症。

工业：种子含油量14.5%，可榨油供制油漆用。

绿化：大叶铁线莲枝叶稀疏，花小美丽，小花聚成大花序，独特有趣，是攀缘绿化不可或缺的好材料。可种在墙边、窗前，也可以种在树木、灌木旁边，种在假山、岩石之间，爬上花柱、花门、篱笆，也可以盆栽观赏。

九、罂粟科 Papaveraceae

18. 白屈菜 *Chelidonium majus* L.

【别名】

山黄连、断肠草、牛金花、八步紧、雄黄草、假黄连、黄汤子。

【分类地位】

双子叶植物，罂粟科，白屈菜属。

【形态特征】

多年生草本植物，高30～60(100)cm，全株具棕黄色汁液。主根粗壮，圆锥形，侧根多，暗褐色。茎聚伞状多分枝，分枝常被短柔毛，节上较密，后变无毛。基生叶少，早凋落，叶柄长2～5cm，被柔毛或无毛，基部扩大成鞘，叶片倒卵状长圆形或宽倒卵形，长8～20cm，羽状全裂，全裂片

(a)

茎多分枝；叶羽状全裂；花黄色

(b)　　　　　　　　　　　　　　　　　　(c)

植株具棕黄色汁液；叶背具白粉；伞形花序　　　　茎被短毛；蒴果狭圆柱形

白屈菜

2 ～ 4 对，倒卵状长圆形，具不规则的深裂或浅裂，裂片边缘圆齿状，表面绿色，无毛，背面具白粉，疏被短柔毛；茎生叶叶柄长 0.5 ～ 1.5cm，叶片长 2 ～ 8cm，宽 1 ～ 5cm，叶片形状及特点与基生叶相同。

伞形花序，花梗纤细，长 2 ～ 8cm，幼时被长柔毛，后变无毛。苞片小，卵形，长 1 ～ 2mm；花柄短，有短柔毛；花芽卵圆形，直径 5 ～ 8mm；萼片 2 枚，卵圆形，舟状，长 5 ～ 8mm，无毛或疏生柔毛，早落；花瓣 4 枚（少有 5 枚者），倒卵形，长约 1cm，全缘，黄色；雄蕊多数，长约 8mm，花丝丝状，黄色，花药长圆形，长约 1mm；雌蕊 1 枚，子房上位，线形，长约 8mm，绿色，无毛，花柱长约 1mm，柱头 2 裂。蒴果狭圆柱形，长 2 ～ 5cm，粗 2 ～ 3mm，具通常比果短的柄。种子卵形，长约 1mm 或更小，暗褐色，具光泽及蜂窝状小格。花期 5 ～ 7 月，果期 6 ～ 8 月。

【生长环境】

生长于山坡、山谷、林缘、树下、草地、路旁及墙下石缝中。

【应用】

药用： 全草入药，植株含多种生物碱，有镇痛、止咳、消肿、利尿、解毒之功效，常用于治疗腹痛、胃痛、痢疾、肠炎、慢性支气管炎、百日咳、咳嗽、水肿、腹水、痛经、黄疸、疥癣疮毒等症。将白屈菜捣烂后外敷，对于蛇虫咬伤有很好的治疗作用。

工业：可用作农药。

19. 小药八旦子 *Corydalis caudate* (Lam.) Pers.

【别名】

胡元、北京元胡、土胡元。

【分类地位】

双子叶植物，罂粟科，紫堇属。

【形态特征】

多年生草本植物，植株高15～20cm，较瘦弱。块茎圆球形或长圆形，长8～20mm，宽8～12mm。茎基以上具1～2个鳞片，鳞片上部具叶，枝条多发自叶腋，少数发自鳞片腋内。基生叶早凋或残留宿存的叶鞘或叶柄基部；茎生叶互生，稀对生，2～3回三出复叶，具细长的叶柄和小叶柄，叶柄基部常具叶鞘；小叶圆形至椭圆形，长9～25mm，宽7～15mm，全缘，有时浅裂，背面苍白色。

总状花序具小花3～8朵，疏离；苞片卵圆形或倒卵形，下部的较大，约长6mm，宽3mm；花梗明显长于苞片，下部的长15～25（40）mm；萼片小，早落；花冠两侧对称，花瓣4，蓝色或紫蓝色（有从蓝到粉的连续过渡花色）；上花瓣长约2cm，

(a)

块茎圆球形；总状花序，花蓝紫色

(b)

花冠两侧对称，花瓣有圆筒形长距；蒴果卵圆形

(c)

2～3回三出复叶，椭圆形小叶背面苍白色

小药八旦子

瓣片较宽展，顶端微凹，距圆筒形，弧形上弯，长1.2～1.4cm，蜜腺体约贯穿距长的3/4，顶端钝；下花瓣长约1cm，瓣片宽展，微凹，基部具宽大的浅囊；两侧内花瓣同形，先端黏合，长7～8mm；雄蕊6，合生成2束，中间花药2室，两侧花药1室，花丝长圆形或披针形，基部延伸成线形的或长或短、先端尖或钝的蜜腺体伸入距内；雌蕊1枚，子房上位，柱头四方形，上端具4乳突，下部具2尾状的乳突。蒴果卵圆形至椭圆形，长8～15mm，具4～9种子。种子光滑，直径约2mm，具狭长的种阜。花期3～5月，果期4～6月。

【生长环境】

常生长于山坡、林缘、树下质地肥沃土壤中。

【应用】

药用： 植株含20多种生物碱，用于行气止痛、活血散瘀、跌打损伤等。

十、十字花科 Brassicaceae

20. 风花菜 *Rorippa globosa* (Turcz.) Hayek

【别名】

沼生蔊菜、沼泽蔊菜、湿生葶苈、水前草、黄花荠菜、水荠菜。

【分类地位】

双子叶植物，十字花科，蔊菜属。

【形态特征】

一年生或二年生草本，高10～60cm，光滑无毛或稀有单毛。直根系呈圆锥状，主根不发达，侧根较多。茎直立，单一或分枝，下部常带紫色，具棱，无毛或稍有单毛。基生叶莲座状着生，有长柄；叶片长圆形至狭长圆形，长5～10cm，宽1～3cm，羽状深裂或大头羽裂，顶端裂片较大，侧裂片3～7对，边缘不规则浅裂或呈深波状，叶片两面无毛或在叶柄和中脉上疏生短毛。茎生叶互生，向上渐小，有短柄或近无柄，叶片羽状深裂或具齿，基部耳状抱茎；花序下部叶披针形，不分裂。

总状花序顶生或腋生，果期伸长，花小，花直径约2mm，黄色或淡黄色，花梗纤细，长3～5mm。无苞片；萼片4枚，两轮排列，长椭圆形或长圆形，长1.2～2mm，宽约0.5mm，先端钝圆；十字花冠，花瓣4枚，黄色，长倒卵形至楔形，比萼片稍短、稍长或与其近等长，先端圆形，基部渐狭；雄蕊6枚，4长2短（四强雄蕊），花丝线状，长1.5～2mm，花药椭圆形，长0.5mm；雌蕊1枚，子房上位，长约2mm。短角果椭圆形或近圆柱形，有时稍弯曲，长3～8mm，宽1～3mm，两端钝或近圆形，顶端有长约1mm的花柱，果瓣无脉，肿胀略凸；果梗长5～7mm，十分斜展。种子每室2行，红棕色，多数，细小，近卵形而扁，一端微凹，表面具细网纹。花期5～7月，果期6～8月。

【生长环境】

常野生于近水处、山坡、石缝、溪岸、路旁、田边、山坡草地、水沟、潮湿地及杂草丛中。

【应用】

食用： 风花菜的苗叶可食，采集的嫩苗叶用热水焯熟，换水浸泡，去除辣味，加入油盐调拌食用，亦可配其他荤素菜一起炒食。除叶片可以食用外，其肥大直根含有大量的糖分，也可以食用且营养价值很高。

药用： 风花菜全草入药，味辛、性凉，有清热利尿、解毒、消肿的功效，可用于治疗咽喉痛、风热感冒、肝炎、黄疸、水肿、腹水、肺热咳喘、肺炎、结膜炎、小便淋痛、淋症、骨髓炎、尿道感染、膀胱结石、关节痛、痘疹、小儿惊风、痈肿和烧烫伤等症。

（a）
茎直立；茎生叶互生；总状花序顶生；短角果圆柱形

（b）
基生叶莲座状，长圆形叶大头羽裂

风花菜

21. 播娘蒿 *Descurainia sophia* (L.) Webb. ex Prantl.

【别名】

大蒜芥、米米蒿、麦蒿、眉毛蒿、线香子、婆婆蒿、野芥菜、黄蒿。

【分类地位】

双子叶植物，十字花科，播娘蒿属。

【形态特征】

一年生草本，高20～80cm，有叉状毛或无毛。茎直立，上部分枝，具纵棱槽，近地处为淡紫色，密被分枝状短柔毛。单叶互生，叶片矩圆形或矩圆状披针形，长3～7cm，宽1～4cm，二至三回羽状全裂或深裂，最终裂片条形或条状矩圆形，长2～5mm，宽1～1.5mm，先端钝，全缘，两面被分枝短柔毛；下部叶有柄，向上叶柄逐渐缩短或近于无柄。

伞房状总状花序顶生，具多数花，果期伸长；萼片4枚，直立，长圆条形或条状矩圆形，先端钝，边缘膜质，背面具分叉细柔毛，早落。花瓣4枚，黄色，匙形或长圆状倒卵形，长2～2.5mm，有爪，与萼片近等长或稍短于萼片；雄蕊6枚，4长2短（四强雄蕊），比花瓣长约1/3；雌蕊圆柱状，无花柱，柱头头状。长角果呈略扁平的圆筒状，长2.5～3cm，宽约1mm，无毛，稍向内弯曲，果瓣中脉明显；果梗长1～2cm。种子每室1行，种子小且多，长圆形，长约1mm，稍扁，淡红褐色，表面有细网纹。花期4～5月，果期5～7月。

【生长环境】

常生于山地草甸、村旁、山坡、沟谷、田野及农田。

【应用】

食用：播娘蒿幼嫩茎叶富含矿质、维生素和胡萝卜素，可食用。采集嫩叶后用沸水焯熟，加入油盐调拌后即可食用。也可以做鸡蛋汤，其种子油也可以食用。

药用：全株可入药，有泻肺降气、祛痰定喘、利水消肿、泄热逐邪、

（a）

茎具纵棱槽，被短柔毛

（b）	（c）
茎直立；叶互生；总状花序顶生；长角果圆筒状	叶二至三回羽状全裂，终裂片条形全缘

播娘蒿

强心利尿的功效，常用于治疗痰饮喘咳、面目浮肿、小便不顺畅、胸膜炎、胸腹积水、心肌衰弱、水肿、小便不利和慢性肺源性心脏病等症。另外对于润肠通便或增强心肌收缩力方面，也能发挥出不错的疗效。

22. 独行菜 *Lepidium apetalum* Willd.

【别名】

北葶苈子、鸡积菜、辣根菜、辣辣菜、葶苈子、北葶苈、苦葶苈、腺茎独行菜。

【分类地位】

双子叶植物，十字花科，独行菜属。

【形态特征】

一年生或二年生草本植物，高5～30cm。茎直立，自基部具多数分枝，无毛或着生微小头状毛。基生叶有柄，柄长1～2cm；叶片狭匙形或倒披针形，长3～5cm，宽1～1.5cm，一回羽状浅裂或深裂，先端短尖，边缘有稀疏缺刻状锯齿，基部渐狭，先端通常三齿；茎生叶互生，叶片披针形或长圆形，中部叶片长1.5～2cm，宽2～5mm，基部稍宽，无柄，贴茎生，边缘有疏齿；最上部叶线形，先端尖，边缘少疏齿或近于全缘；叶两面无毛或疏被头状毛。

总状花序顶生或侧生，果期可延长至5cm；花小，排列疏松；萼片4，近卵形，长约0.8mm，边缘白色膜质状，外面有弯曲的白色柔毛，早落；花瓣不存在或退化成丝状，短于萼片；雄蕊2或4枚，等长；蜜腺4个，短小；雌蕊1枚，子房上位，卵圆形而扁，无花柱，柱头圆形而扁。短角果近圆形或宽椭圆形，扁平，长2～3mm，宽约2mm，顶端微缺，宿存极短花枝，果瓣顶部具极狭翅，假隔膜宽不到1mm；果梗呈弧形，长约3mm。种子椭圆形或椭圆状卵形，长约1mm，棕红色或黄褐色，表面平滑。花期4～6月，果期7～8月。

（a）

基生叶狭匙形，具缺刻状锯齿缘

（b）

直立茎基部分枝；总状花序顶生

【生长环境】

常生于山坡、山沟、路旁及村庄附近，为常见的田间杂草。

【应用】

食用： 幼嫩茎叶可作野菜食用。种子富含脂肪酸，可用来榨油。

药用： 全草及种子供药用，有利尿、止咳、化痰功效，常用于治疗慢性气管炎、支气管扩张、咳嗽、气喘多痰、肝硬化腹水、小便不利、肾小球肾炎、浮肿、肺痈等症。

(c)

茎生叶；短角果宽椭圆形

独行菜

23. 葶苈 *Draba nemorosa* L.

【别名】

剪子股、雀儿不食、筛子底、猫耳朵菜、葶苈子、光果葶苈、苦葶苈。

【分类地位】

双子叶植物，十字花科，葶苈属。

【形态特征】

一年生或二年生草本，高5～45cm，全株有星状毛。茎直立，单一或下部分枝，疏生叶片或无叶，但分枝茎有叶片；下部密生单毛、叉状毛和星状毛，上部渐稀至无毛。基生叶莲座状，长圆状倒卵形、长圆状椭圆形或倒卵状矩圆形，长2～3cm，宽2～5mm，顶端稍钝，边缘有疏细齿或近于全缘，有短柄；茎生叶互生，长圆状卵形、长卵形、卵状披针形或卵形，顶端尖，基部楔形或渐圆，边缘有细齿，无柄，两面密被灰白色毛，上面被单毛和叉状毛，下面以星状毛为多。

顶生总状花序有花25～90朵，密集成伞房状，花后显著伸长，疏松，小花梗细，长5～10mm，花直径约2mm；萼片4枚，椭圆形，背面略有毛；十字花冠，花瓣4枚，黄色，花期后成白色，倒卵形，具短爪，长约2mm，顶端凹；雄蕊6枚，4长2短（四强雄蕊），长1.8～2mm，花药短心形；雌蕊1枚，子房上位，椭圆形，密生短单毛，花柱几乎不发育，柱头小。短角果长圆形或长椭圆形，长4～10mm，宽1.1～2.5mm，被短单毛。果梗长8～25mm，与果序轴成直角开展，或近于直角向上开展。种子卵形或椭圆形，淡褐色，种皮有小疣。花期4～5月上旬，果期5～7月。

【生长环境】

生于住宅边缘、田边路旁、山坡草地及河谷湿地。

【应用】

食用：葶苈嫩茎叶用沸水焯过，换凉水浸泡过夜，然后凉拌、蘸酱、炒食、做汤、做馅均可。

药用：以种子入药称葶苈子，葶苈子属于化痰止咳平喘药，其药味苦、辛，性大寒，归于肺、膀胱经，具有泻肺降气、祛痰平喘、利水消肿、泄热逐邪的功效，主治痰涎壅肺之喘咳痰多、肺痈、水肿、胸腹积水、小便不利、慢性肺源性心脏病、心力衰竭之喘肿，亦治痈疽恶疮、瘰疬结核等症。

绿化：葶苈具有一定的绿化作用，它最高可以长到半米左右，生长速度很快，播种后三四个月就可以完全成熟，可用于草坪和花园。

（a）

茎下部密生茸毛

（b） （c）

基生叶莲座状；总状花序花黄色，十字花冠；短角果长圆形　　茎生叶长圆形，两面密被灰白毛

葶苈

24. 荠 *Capsella bursa-pastoris* (L.) Medic.

【别名】

荠菜、香田荠、水荠菜、荠荠菜、鸡心菜、清明草、枕头草、地地菜。

【分类地位】

双子叶植物，十字花科，荠属。

【形态特征】

一年生或二年生草本，高可达50cm。茎直立，绿色，常单一；茎上部分枝，茎下部被单毛或星状毛。基生叶莲座状丛生，平铺地面，长圆状披针形，长可达12cm，宽可达2.5cm；大头羽状分裂，顶裂片卵形、长圆形、三角状或卵状披针形，长5～30mm，宽2～20mm；侧裂片3～8对，长圆形至卵形，长5～15mm，顶端渐尖，浅裂或有不规则粗锯齿或近全缘；叶柄长5～40mm。茎生叶互生，长圆形、披针形或窄披针形，最上部呈线形，长5～6.5mm，宽2～15mm；基部箭形抱茎，先端渐尖，边缘有缺刻、锯齿或全缘，有毛。

总状花序顶生及腋生；萼片4枚，长圆形，绿色，具白色边缘；十字花冠，花瓣4枚，白色，卵形或匙形，长2～3mm，有短爪；雄蕊6枚，4长2短（四强雄蕊），基部具腺体；雌蕊1枚，子房上位，三角状倒卵形，花柱短，长约0.5mm；或倒心状三角形，长5～8mm，宽4～7mm，扁平，无毛，顶端微凹，裂瓣具网脉；果梗长5～15mm。种子2行，长

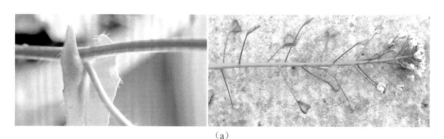

（a）

茎生叶基部抱茎；短角果倒三角形

（b）

茎直立；总状花序花白色

（c）

基生叶大头羽状分裂，茎生叶披针形；十字花冠

荠

椭圆形，长约1mm，浅褐色。花期3～6月，果期4～6月。

【生长环境】

生长在山坡、田野、荒地、田边及路旁等温暖的地方。

【应用】

食用：荠是春天比较常见的一种野菜，茎叶作蔬菜食用。很多人喜欢使用荠来做饺子、包子，非常美味；其可以直接取鲜品凉拌食用，也可以直接榨汁服用，还可以取适量的荠与大米以及小米等食材，熬制成粥来服用；荠腌制后有特殊的鲜味和香味。

药用：全草入药，荠性平、味甘，具有利尿、止血、清热、清肝明目、降血压、解毒消肿、抗感染的功效，常用于治疗痢疾、水肿、淋病、乳糜尿、吐血、便血、血崩、月经过多、目赤肿痛、产后出血、尿路感染、尿路结石、前列腺炎等症。

工业：荠菜种子含油20%～30%，属干性油，供制油漆及肥皂用。

十一、蔷薇科 Rosaceae

25. 委陵菜 *Potentilla chinensis* Ser.

【别名】

翻白草、白头翁、蛤蟆草、天青地白、扑地虎、生血丹、五虎噙血。

【分类地位】

双子叶植物，蔷薇科，委陵菜属。

【形态特征】

多年生草本植物，高20～70cm。根粗壮，圆柱形，木质化，稍分枝，有棕褐色残余托叶。茎丛生，直立或倾斜上升，被稀疏短柔毛及白色绢状长柔毛。基生叶丛生，奇数羽状复叶，狭卵形或倒卵形，有小叶5～15对，间隔0.5～0.8cm，连叶柄长4～25cm，叶柄被短柔毛及绢状长柔毛；小叶片对生或互生，上部小叶较长，向下逐渐减小，无柄，长圆形、倒卵形或长圆披针形，长1～5cm，宽0.5～1.5cm，边缘羽状中裂，裂片三角卵形、三角状披针形或长圆披针形，顶端急尖或圆钝，边缘向下反卷，上面绿色，被短柔毛或脱落几无毛，中脉下陷，下面被白色茸毛，沿脉被白色绢状长柔毛；托叶近膜质，钻形，与叶柄基部合生，褐色，外面被白色绢状长柔毛。茎生叶互生，近于无柄，叶片较狭小，形状与基生叶相似，小叶片对数较少；托叶草质，绿色，边缘锐裂。

伞房状聚伞花序顶生，花梗长0.5～16cm，基部有披针形苞片，总花梗和花梗有白色茸毛或柔毛。花多数，有短柄，辐射对称，直径通常0.8～1cm，稀达1.3cm。花萼2层；内萼片5枚，卵状三角形，先端急尖，有长柔毛；外萼片（副萼）5枚，狭长圆形、带形或披针形，顶端尖，比内萼片短且狭窄，外面被短柔毛及少数绢状柔毛。花瓣5枚，黄色，宽倒卵形或近圆形，先端微凹，基部有短爪，比萼片稍长。雄蕊多数，10～30枚。雌蕊多数，子房上位，花柱近顶生，基部微扩大，稍有乳头或不明显，柱头扩大。果实呈头状，为聚合的瘦果；瘦果广卵形或卵球形，深褐色，有明显纵肋纹，聚生于有绵毛的花托上。花期6～8月，果期7～9月。

【生长环境】

喜微酸性至中性、排水良好的湿润土壤，野生于向阳山坡、山地灌丛、砾石质坡地、荒地、路边、田旁、草地、沟谷、林缘、山林草丛、草甸、草原、溪边、农田边及盐碱地等环境。

【应用】

食用： 委陵菜富含维生素C，嫩苗叶及根可食。嫩叶可以凉拌、清炒，也可以做成委陵菜蜜枣汤；块根则可以生食、煮食，或者磨成面掺入主食。

药用： 全草入药，味苦、性寒，具有清热解毒、祛风湿、止血、祛痰止咳、凉血止痢之功效，常用于治疗赤痢腹痛、久痢不止、痔疮出血、痈肿疮毒、下痢脓血、发热、血热、肿毒、风湿等症。

工业： 委陵菜根含鞣质，可提制烤胶。嫩苗可作猪饲料。

(a)

茎直立或斜上升；伞房状聚伞花序顶生

(b)

奇数羽状复叶互生，小叶羽状中裂，叶下被白毛；花黄色

委陵菜

26. 朝天委陵菜 *Potentilla supina* L.

【别名】

背铺委陵菜、鸡毛菜、仰卧委陵菜、铺地委陵菜、伏委陵菜、野香菜。

【分类地位】

双子叶植物，蔷薇科，委陵菜属。

【形态特征】

一年生或二年生草本，高20～50cm。主根细长或较粗壮，并有稀疏侧生根。茎多头，平卧、斜升或近直立，上部叉状分枝，被疏柔毛或脱落几无毛。奇数羽状复叶基生或茎上互生，托叶膜质；有小叶2～5对，间隔0.8～1.2cm，连叶柄长4～15cm，叶柄被疏柔毛或脱落几无毛；小叶互生或对生，无柄，最上面1～2对小叶基部下延与叶轴合生呈深裂状，顶生小叶倒卵形，侧生小叶长圆形或倒卵状长圆形，长1.0～2.5cm，宽0.5～1.5cm，基部歪楔形、楔形或宽楔形，先端圆钝或急尖，边缘有圆钝或缺刻状牙齿，两面绿色，表面粗糙，无毛，背面被伏毛；茎生叶与基生叶形状相似，茎上部叶有小叶3～5枚，向上小叶对数逐渐减少；托叶附于叶柄上，基生叶托叶膜质、褐色、外面被疏柔毛或几无毛，茎生叶托叶草质、绿色、阔卵形、全缘、有齿或分裂。

花茎上多叶，下部花单生于叶腋，顶端呈伞房状聚伞花序，花梗长1～2cm，常密被短柔毛。花辐射对称，直径7～8mm；花萼分内外两层各5片、被稀疏柔毛，萼片（内层）三角状卵形、顶端急尖，副萼片（外层）卵形、长椭圆形或椭圆披针形，顶端急尖，比萼片稍长或近等长，与萼片相间排列；花瓣5枚，黄色，倒卵形，先端微缺或钝，与萼片近等长或较长；花托里密被柔毛；雄蕊20；雌蕊多数，子房上位，着生在微凸起的花托上，彼此分离，花柱近顶生，基部乳头状膨大，柱头扩大。瘦果长圆形微皱，有圆锥状突起，先端尖，表面具脉纹，腹部鼓胀若翅或有时不明显。花期5～8月，果期6～9月。

【生长环境】

生于田边、荒地、路旁、村边、河岸沙地、草甸、山坡湿地及林缘。

【应用】

食用： 朝天委陵菜含有蛋白质、维生素、纤维素等营养成分，茎、叶、块根都可以食用。块根是一种优良的野生天然食品，可生食、煮食、煲汤、炖汤等，味道鲜甜，营养价值高，具有一定的保健功效，经常食用

(a)	(b)
奇数羽状复叶，小叶边缘具圆钝牙齿	花单生或成聚伞花序，花瓣黄色

朝天委陵菜

能增强人体免疫能力，还能强身健体、美容养颜。茎、叶清洗干净后，用热水焯烫一下，然后用凉水冲洗，放各种辅助调料即可食用，也可以用来烹饪，炒熟后食用，将其根茎清洗干净后煮稀饭味道也比较香甜。可以掺杂一些面粉、粗粮粉，放到锅里蒸熟吃，也可以做包子。

药用： 全草入药，味淡、性凉，具有滋补、清热解毒、收敛止血、止咳化痰、泻火、杀虫止痒的功效，可用于治疗风湿性关节炎、感冒发热、肠炎、热毒泻痢、痢疾、血热、咽喉炎、百日咳、咳嗽、感冒、咯血、便血、外伤出血、须发早白、牙齿不固等症，鲜品外用于疮毒痈肿及蛇虫咬伤。

27. 茅莓 *Rubus parvifolius* L.

【别名】

茅莓悬钩子、草杨梅子、日青地白草、拦路虎、红梅消、三月泡、婆婆头。

【分类地位】

双子叶植物，蔷薇科，悬钩子属。

【形态特征】

落叶小灌木，高 1 ～ 2m。枝拱形弯曲，密被短柔毛及稀疏倒生钩状皮刺。奇数羽状复叶互生，小叶通常 3 片，嫩枝上有时具 5 小叶；顶生小叶菱状卵形至宽卵形，侧生小叶较小，呈宽倒卵形至倒卵圆形，长 2.5 ～ 6cm，宽 2 ～ 6cm，先端圆钝或急尖，基部圆形或宽楔形，边缘有不整齐粗锯齿或缺刻状粗重锯齿，常具浅裂片，上面深绿色，伏生疏柔毛，下面密生灰白色短茸毛；叶柄长 2.5 ～ 5cm，顶生小叶柄长 1 ～ 2cm，总叶柄与叶轴均被柔毛和稀疏小皮刺；托叶针状线形，带红色，具柔毛，长 5 ～ 7mm，附着于叶柄基部。

伞房花序顶生或腋生，有花 3 ～ 10 朵，被柔毛和细刺；花梗长 0.5 ～ 1.5cm，具柔毛和稀疏小皮刺；花两性，径 6 ～ 9mm；苞片线形，有柔毛；花萼 5 枚，萼片卵状披针形或披针形，顶端渐尖，有时条裂，在花果时均直立开展；花瓣 5 枚，卵圆形或长圆形，粉红至紫红色，基部具爪；雄蕊多数，花丝白色，稍短于花瓣；多心皮分离，雌蕊多数，子房上位，被灰白色细柔毛，着生于凸出的花托上。聚合果球形，直径 1.5 ～ 2cm，红色，具宿萼；小果为核果，集生于膨大花托上而呈浆果状，无毛或具稀疏柔毛，核有浅皱纹。花期 5 ～ 6 月，果期 7 ～ 8 月。

【生长环境】

生长于向阳山谷、丘陵、山坡、田坎、路旁、沟边、灌丛下和荒野地。

【应用】

食用： 果实鲜嫩多汁，酸甜可口，可供鲜食，还可以加工制作茅莓汁、茅莓果酒、茅莓酱、茅莓果醋等食品。果实中主要含有水分、可溶性固形物、糖类、蛋白质、有机酸、维生素 E、维生素 B、维生素 C、铁、锌、硒、超氧化物歧化酶（SOD）等营养物质，是一种很好的野生水果。

（a）

小灌木；枝疏生钩状皮刺；花粉红色

药用： 根含有谷甾醇、月桂酸、蔷薇酸、胡萝卜苷等有效成分，具有活血舒筋、消肿止痛、祛风除湿功效；茎叶含有三萜类化合物、蔷薇酸、苦莓苷、乌苏酸、胡萝卜苷等有效成分，具有清热解毒作用。

绿化： 茅莓果色艳丽，生长迅速，繁殖容易，覆盖力强，具有较强的适应性和抗性，可为地被植物植于树下、林缘、绿化隔离带、假

（b）

卵形叶背密生灰白毛；球形聚合果红色

茅莓

山岩石旁、溪边、岸边、池塘边阴湿处等，颇具观赏价值。

工业： 根和叶含单宁，可提取栲胶。茅莓的果实营养成分极其丰富，其蛋白质含量之高是其他任何水果无法比拟的，可深加工成具有竞争力的各档次的食品、药品和保健品，也可提炼植物色素、天然香料和特殊的营养物质。

28. 龙牙草 *Agrimonia pilosa* Ldb.

【别名】

仙鹤草、地仙草、老鹤嘴、毛脚茵、瓜香草、路边黄、石打穿。

【分类地位】

双子叶植物，蔷薇科，龙牙草属。

【形态特征】

多年生草本，高30～120cm。根多呈块茎状，周围长出若干侧根，根茎短，基部常有1至数个地下芽。茎直立或斜升，常具条纹或棱角，被疏柔毛及短柔毛，少有下部被稀疏长硬毛。叶互生；间断奇数羽状复叶，通常有小

（a）

穗状花序花黄色；瘦果有钩刺

（b）
块茎状根有地下芽；奇数羽状复叶互生

（c）
椭圆形小叶具圆钝锯齿缘

龙牙草

叶7～9片，向上减少至3小叶，叶柄被稀疏柔毛或短柔毛；小叶片无柄或有短柄，倒卵形、倒卵状椭圆形或倒卵披针形，长1.5～5cm，宽1～2.5cm，顶端急尖至圆钝，稀渐尖，基部楔形至宽楔形，边缘有急尖或圆钝锯齿，上面被疏柔毛，稀脱落几无毛，下面通常脉上伏生疏柔毛，稀脱落几无毛，有显著腺点；托叶草质，绿色，镰形，近卵形，顶端急尖或渐尖，边缘有尖锐锯齿或裂片，稀全缘；茎下部托叶有时卵状披针形，常全缘。

穗状或总状花序顶生或腋生，分枝或不分枝，花序轴被柔毛，花梗长1～5mm，被柔毛。苞片通常深3裂，裂片带形，小苞片对生，卵形，全缘或边缘分裂；花直径6～9mm；萼筒外面有槽并有毛，顶端着生一圈钩状刺毛，萼片5枚，三角卵形；花瓣5枚，黄色，长圆形，长于萼片；雄蕊5～8（15）枚；雌蕊心皮2个，花柱2，丝状，柱头头状。瘦果倒卵形、卵状倒圆锥形或倒圆锥形，长7～8mm，宽3～4mm，外面有10条肋，被疏柔毛，顶端有数层钩刺，幼时直立，成熟时靠合，连钩刺长7～8mm，最宽处直径3～4mm。种子长1.5～2mm。花期7～9月，果期8～10月。

【生长环境】

常生于荒地、山坡、溪边、路旁、草地、灌丛、林缘及疏林下。

【应用】

食用：龙牙草是一种营养丰富的保健蔬菜，含有丰富的胡萝卜素、维生素C、一定量的维生素A和大量碳水化合物。将龙牙草洗净，用沸水焯约1min，再放入凉水中反复漂洗，去除苦涩味后炒食、凉拌或蘸酱食。

药用：龙牙草全株均可入药，具有收敛止血、调补气血、消肿止痛的功效，可用于治疗吐血、咳血、衄血、尿血、便血、崩漏、乳腺炎、痈疽疮疖、跌打损伤、红肿瘀痛等症，龙牙草还有通乳的效果，产后乳汁不足时可以用其增加乳汁量。

十二、豆科Fabaceae

29. 米口袋 *Gueldenstaedtia verna* (Georgi) Boriss.

【别名】

紫花地丁、多花米口袋、响响米、米布袋、老鼠布袋、痒痒草、地丁草。

【分类地位】

双子叶植物，豆科，米口袋属。

【形态特征】

多年生草本，高4～20cm，全株被白色长绵毛，果期后毛渐稀少。主根圆锥形或圆柱形，粗壮，不分歧或稍分歧，褐色，上端具短缩的茎或根状茎。茎极缩短，叶及总花梗于茎上丛生。托叶宿存，下面的阔三角形，上面的狭三角形，基部合生，外面密被白色长柔毛；奇数羽状复叶，叶在早春时长仅2～5cm，夏秋间可长达15cm，个别甚至可达23cm，早生叶被长柔毛，后生叶毛稀疏，甚几至无毛；叶柄具沟；小叶7～21片，椭圆形至长圆形，卵形至长卵形，有时披针形，顶端小叶有时为倒卵形，长（4.5）10～14（25）mm，宽（1.5）5～8（10）mm，基部圆，先端具细尖、急尖、钝、微缺或下凹成弧形。

伞形花序有2～6朵花；总花梗具沟，被长柔毛，花期较叶稍长，花后约与叶等长或短于叶长；苞片三角状线形，长2～4mm，花梗长1～3.5mm；花萼钟状，长7～8mm，被贴伏长柔毛，上2萼齿最大，与萼筒等长，下3萼齿较小，最下一片最小；蝶形花冠紫堇色，旗瓣长13mm、宽8mm、倒卵形、全缘、先端微缺、基部渐狭成瓣柄，翼瓣长10mm、宽3mm、斜长倒卵形、具短耳、瓣柄长3mm，龙骨瓣长6mm、宽2mm、倒卵形、瓣柄长2.5mm；雌蕊1枚，子房上位，椭圆状，密被贴服长柔毛，花柱无毛，内卷，顶端膨大成圆形柱头。雄蕊10枚，成9与1两体。荚果圆筒状，无假隔膜，长17～22mm，直径3～4mm，被长柔毛。种子三角状肾形，直径约1.8mm，黑色，具凹点。花期4～5月，果期5～7月。

（a）

粗壮根褐色；奇数羽状复叶密被白茸毛

（b）

蝶形花冠紫堇色；荚果圆筒状

米口袋

【生长环境】

一般生于海拔1300m以下的山坡、路旁、田边等。

【植物应用】

食用：植株嫩叶、荚果、根系味道微甜，均可食用。根系富含淀粉，也可晒干用于泡酒、泡茶。

药用：在中国东北、华北地区全草作为紫花地丁入药。具有清热利湿、解毒消肿的功效，可治疗疮、痈肿、瘰疬、黄疸、痢疾、腹泻、目赤、喉痹、毒蛇咬伤。

工业：挥发油含量较高，具有独特香气，可作为香料的生产原料。茎叶可食用，是动物恢复体力的良好饲料。

绿化：米口袋根系发达，水土保持能力及环境适应能力较强，适合多地种植。在公园中可作为地被植物使用，起到美化环境的作用。

30. 海滨山黧豆 *Lathyrus maritimus* (L.) Bigelow

【别名】

日本山黧豆、海滨香豌豆、毛海滨山黧豆、海边香豌豆。

【分类地位】

双子叶植物，豆科，山黧豆属。

【形态特征】

多年生草本，蔓生，海滨沙地植物，高20～70cm。根状茎，横生。茎匍匐生长，顶端向上生长。偶数羽状复叶互生，小叶6～10片，灰绿色，宽椭圆形，长1～3cm，宽0.5～1.5cm，叶尖圆形，有短尖，叶基圆形或广楔形；叶轴偶有极狭翅，顶端变为单一或分歧卷须；托叶大型，呈叶状，叶基戟形。

总状花序腋生，花2～5朵；花萼呈斜钟形，萼齿5个，上萼齿三角状，下萼齿披针形，比萼筒长，无毛；蝶形花冠淡紫色，长20～25mm；雄蕊10枚，两体；雌蕊1枚，子房上位，着生短柔毛，花柱近扁平，里面有髯毛，柱头头状。荚果矩形或长圆形，褐色，长约5cm，

(a)

偶数羽状复叶顶端成卷须，托叶叶状

海滨山黧豆

宽约1cm，着生短柔毛。种子3～5个，黑色，扁圆球形，直径约5mm。

【生长环境】

耐盐碱，常生于石质海岸或海边沙地。

【植物应用】

食用：嫩荚和种子有毒，可水煮或长时间浸泡后食用，不可多食。

药用：可提取左旋多巴，用于治疗肝昏迷，改善中枢功能。

工业：荚果富含粗蛋白和粗脂肪，用作家畜饲料，也可作绿肥和牧草。种子富含淀粉、维生素，可做食品添加剂。

(b)

匍匐茎顶端上升；蝶形花淡紫色

(c)

萼筒齿裂，两体雄蕊；荚果长圆形

海滨山黧豆

31. 合萌 *Aeschynomene indica* L.

【别名】

田皂角、水松柏、水槐子、水通草、梗通草、野含羞草、野寒豆、野豆萁。

【分类地位】

双子叶植物，豆科，合萌属。

【形态特征】

一年生草本，茎圆柱形直立、伏卧或斜上生长，无毛，高0.3～1m。分枝较多，茎秆绿色，分布小凸点，稍粗糙。偶数羽状复叶互生，小叶对生；托叶膜质，呈卵形至披针形，长约1cm，基部下延成耳状，通常有缺刻或啮蚀状；叶柄长约3mm；小叶近无柄，薄纸质，线状长圆形，长5～10mm，宽2～2.5mm，叶片上表面密布腺点，下表面着生少量白粉，叶片先端钝圆或微凹，有细刺尖头，基部歪斜，全缘；小托叶极小。

花为总状花序，腋生，长1.5～2cm；总花梗长8～12mm；花梗长约1cm；小苞片呈卵状披针形，宿存；花萼膜质，脉纹纵生，长约

4mm，无毛；蝶形花冠淡黄色，分布紫色纵脉纹，易脱落，近圆形旗瓣较大，基部瓣柄极短，翼瓣篦状，龙骨瓣短于旗瓣，比翼瓣稍长或近相等；雄蕊10枚，二体雄蕊；雌蕊1枚，子房上位，扁平，呈线形。荚果线状长圆形，长3～4cm，宽约3mm，腹缝直，背缝波状；荚4～8节，平滑或中央有小疣凸，不开裂，成熟时逐节脱落；种子黑棕色肾形，长3～3.5mm，宽2.5～3mm。花期7～8月，果期8～10月。

【生长环境】

常野生于低山区的湿润地、水田边或溪河边。

【应用】

食用： 种子有毒，不可食用。

药用： 全草入药，有清热、祛风、利湿、消肿、解毒的功效。用于治疗风热感冒、黄疸、痢疾、胃炎、腹胀、淋病、痈肿、皮炎、湿疹等症。

工业： 植株含氮量较高，为优良的绿肥植物。草质柔软，茎叶肥嫩，适口性好，营养价值高，是优良的豆科饲用植物。茎髓质地轻软，耐水湿，可制遮阳帽、浮子、救生圈和瓶塞等。

（a）

偶数羽状复叶互生，托叶披针形

（b）

茎直立、伏卧或斜上生长

（c）

蝶形花淡黄色；荚果线状长圆形

合萌

32. 白车轴草 *Trifolium repens* L.

【别名】

白三叶、白花三叶草、白三草、车轴草、荷兰翘摇、白花苜蓿、金花草。

【分类地位】

双子叶植物，豆科，车轴草属。

【形态特征】

多年生草本，生长期可达5年，高10～30cm。主根短，侧根和须根发达。茎匍匐蔓生，上部枝条向上生长，节上生根，全株无毛。掌状三出复叶；托叶呈卵状披针形，膜质，下部叶片抱茎成鞘状，离生部分锐尖；叶柄较长，长10～30cm；小叶呈倒卵形至近圆形，长8～20mm，宽8～16mm，叶尖凹头至钝圆形，叶基呈楔形，叶下表面中脉隆起，侧脉约13对，与中脉呈50°角隆起展开，近叶边分叉并伸达锯齿齿尖；小叶柄长1.5mm，稀疏被柔毛。

花序顶生，呈球形，直径15～40mm；总花梗较长，花20～50朵，

（a）

掌状三出复叶，近圆形小叶叶尖凹头

（b）

茎匍匐或蔓生；球形花序顶生

（c）

蝶形花冠乳黄色；种子阔卵形

白车轴草

密集生长；无总苞；苞片呈披针形，膜质；花长 7 ～ 12mm；花梗与花萼稍长或等长，开花后立即下垂；花萼钟形，脉纹 10 条，萼齿 5 个，呈披针形，短于萼筒，萼喉开张，无毛；蝶形花冠白色、乳黄色或淡红色，有香气。旗瓣椭圆形，比翼瓣和龙骨瓣长近 1 倍，龙骨瓣短于翼瓣；子房为线状长圆形，花柱略长于子房，胚珠 3 ～ 4 个。荚果长圆形；种子阔卵形 3 粒。花果期为 5 ～ 10 月。

【生长环境】

常见于湿润草地、河岸及路边。

【植物应用】

食用：嫩茎叶口感微甜，可通过凉拌、煮、炒等方式食用，也可以泡水当茶饮。

药用：全草可入药，有清热凉血、安神镇痛、祛痰止咳的功效。植株含有异黄酮类物质，有抗癌作用。可提取大分子物质多糖，具有提高免疫力、抗肿瘤、抗衰老、降血脂等保健功能。

工业：植株含丰富的蛋白质和矿物质，为优良牧草，也可作为绿肥。

绿化：植株侵占性和竞争力较强，能有效抑制杂草生长，具有改善土壤及水土保湿作用，可作为堤岸防护草种，也可用于园林、公园、高尔夫球场等绿化草坪的建植。

33. 天蓝苜蓿 *Medicago lupulina* L.

【别名】

黑荚苜蓿、杂花苜蓿、米粒天蓝、天南苜蓿、接筋草、黄花马豆草。

【分类地位】

双子叶植物，豆科，苜蓿属。

【形态特征】

一、二年生或多年生草本，高 15 ～ 60cm，全株着生柔毛或有腺毛。主根浅，须根发达。茎平卧或枝条向上生长，分枝较多。羽状三出复叶；托叶呈卵状披针形，长约 1cm，叶尖渐尖，叶基圆形或戟状，叶缘齿裂；近地部叶柄较长，为 1 ～ 2cm，上部叶片叶柄短；小叶呈倒卵形、阔倒卵形或倒心形，长 5 ～ 20mm，宽 4 ～ 16mm，纸质，叶尖截平或微凹，有细尖，叶基楔形，叶缘在上半部有不明显的尖齿，叶片上下面被毛，平行侧脉近 10 对；顶生小叶较大，小叶柄长 2 ～ 6mm，侧生小叶柄较短。

小头状花序，花10～20朵；总花梗挺直而细，长于叶片，着生贴伏柔毛；苞片较小呈刺毛状；花长2～2.2mm；花梗较短，不足1mm；花萼钟形，长约2mm，着生柔毛，萼齿呈线状披针形；蝶形花冠黄色，旗瓣近圆形，顶端微凹，翼瓣和龙骨瓣长度相近，均短于旗瓣；子房为阔卵形，着生柔毛，花柱弯曲，胚珠1粒。荚果肾形，长3mm，宽2mm，表面有同心弧形脉纹，着生稀疏毛，成熟时变为黑色；种子褐色卵形1粒，表面平滑。花期7～9月，果期8～10月。

【生长环境】

常见于河岸、路边、田野及林缘。

【应用】

药用：全草可入药，有清热利湿、舒筋活络、止咳的功效，用于治疗黄疸型肝炎、坐骨神经痛、风湿筋骨疼痛、喘咳、痔血等症。

工业：草质优良，富含粗蛋白质、动物必需氨基酸，常作为动物饲料。

绿化：匍匐生长，地表侵占力强，生长量小，盖度大，可作为观赏草坪。

(a)

平卧茎着生柔毛；肾形荚果表面有弧形脉纹

(b)

三出复叶小叶倒卵形

(c)

黄色蝶形花形成头状花序

天蓝苜蓿

34. 野大豆 *Glycine soja* Sieb. et Zucc.

【别名】

野毛豆、饿马黄、柴豆、野黄豆、山黄豆、野毛扁旦、细黑豆。

【分类地位】

双子叶植物，豆科，大豆属。

【形态特征】

一年生缠绕草本，长度 1～4m。主根明显，着生根瘤。茎、小枝纤细，全体着生褐色长硬毛。三出复叶，长可达14cm；托叶呈卵状披针形，叶尖急尖，被黄色柔毛。顶生小叶圆形或卵状披针形，长3.5～6cm，宽1.5～2.5cm，叶尖锐尖至钝圆，叶基近圆形，全缘，叶片上下面均着生绢状糙伏毛，侧生小叶呈斜卵状披针形。

总状花序较短；蝶形花较小，长约5mm；花梗密生黄色长硬毛；苞片呈披针形；花萼钟状，密被长毛，裂片5片，三角状披针形，先端锐尖；花冠淡红紫色或白色，旗瓣近圆形，先端微凹，基部瓣柄较短，翼瓣呈斜倒卵形，龙骨瓣短于旗瓣及翼瓣，密生长毛；花柱短且向一侧弯曲。

（a）

扁荚果稍弯曲被长毛，种子间稍缢缩

（b）

茎缠绕；三出复叶小叶卵状披针形

（c）

蝶形花冠淡红紫色，旗瓣近圆形

野大豆

长圆形荚果，稍弯曲，两侧稍扁，长17～23mm，宽4～5mm，密被长硬毛，种子间稍缢缩，干时易裂；种子2～3颗，褐色至黑色椭圆形，稍扁，长2.5～4mm，宽1.8～2.5mm。花期7～8月，果期8～10月。

【生长环境】

常生于潮湿的田边、园边、沟旁、河岸、湖边、沼泽、草甸、沿海和岛屿向阳的矮灌木丛或芦苇丛中。

【应用】

药用：全草入药，有补气血、强壮、利尿等功效，可治疗盗汗、肝火、目疾、黄疸、小儿疳积等症。茎叶可提取植物血凝素，对所有血型有凝集作用。

工业：国家二级重点保护野生植物。全株为家畜喜食的饲料，可栽作牧草、绿肥和水土保持植物。茎皮纤维可织麻袋。种子含蛋白质30%～45%、油脂18%～22%，供食用、制酱、制酱油和豆腐等，又可榨油，油粕是优良饲料和肥料。

35. 大花野豌豆 *Vicia bungei* Ohwi

【别名】

三齿萼野豌豆、山黧豆、三齿草藤、老豆蔓、野豌豆、山豌豆、野扁豆。

【分类地位】

双子叶植物，豆科，野豌豆属。

【形态特征】

一、二年生草本，茎缠绕或匍匐生长，高15～40cm。茎有棱，分枝较多；偶数羽状复叶，顶端卷须有分枝；托叶呈半箭头形，长0.3～0.7cm，叶缘锯齿状；小叶3～5对，长圆形或狭倒卵长圆形，长1～2.5cm，宽0.2～0.8cm，叶尖平截微凹，叶缘稀齿状，叶片上表面叶脉不清晰，下表面叶脉明显，着生疏柔毛。

总状花序，与叶轴长相近；于花序轴顶端着生花2～4朵，长2～2.5cm，花萼钟形，着生疏柔毛，萼齿呈披针形；蝶形花冠红紫色或蓝紫色，旗瓣倒卵状披针形，先端微缺，翼瓣短于旗瓣，长于龙骨瓣；子房柄细长，沿腹缝线着生金色绢毛，花柱上部被长柔毛。荚果扁长圆形，长2.5～3.5cm，宽约0.7cm。种子球形，2～8个，直径约0.3cm，熟时黑色。花期4～5月，果期6～7月。

【生长环境】

常见于山坡、谷地、草丛、田边及路旁。

【应用】

药用：全草可入药，花可治中风后口眼歪斜、吐血、咯血、肺热咳嗽等症；种仁用于治疗水肿。果荚用于治疗脓疮、水火烫伤。叶入药用于治疗无名肿毒和蛇咬伤等症。

工业：幼嫩茎叶可作牧草。植株富含氮、磷、钾等营养元素，可作绿肥施用。

（a）
总状花序，萼齿披针形

（b）
茎缠绕或匍匐；偶数羽状复叶顶端卷须分枝

（c）
蝶形花冠蓝紫色；荚果扁长圆形；种子黑色

大花野豌豆

36. 苜蓿 *Medicago sativa* L.

【别名】

三叶草、紫苜蓿、连枝草、光风草、南苜蓿、金花菜、磨盘草子。

【分类地位】

双子叶植物，豆科，苜蓿属。

【形态特征】

多年生草本，高30～100cm。主根粗壮，入土较深，根系发达。茎四棱直立、丛生或平卧，无毛或着生疏柔毛，枝叶茂盛。羽状三出复叶；托叶大，呈卵状披针形，叶尖锐尖，叶基全缘或具1～2齿裂，脉纹清晰；叶柄短于小叶；小叶呈长卵形、倒长卵形至线状卵形，长10～25mm，宽3～10mm，纸质，叶尖钝圆，由中脉伸出长齿尖，基部狭窄，楔形，叶片上表面深绿色无毛，下表面着生贴伏柔毛，侧脉8～10对，与中脉成锐角，在近叶边处略有分叉；顶生小叶柄略长于侧生小叶柄。

花序为总状或头状，长1～2.5cm，花5～30朵；总花梗挺直；苞片呈线状锥形；花长6～12mm；花梗短，长约2mm；花萼钟形，长3～5mm，萼齿为线状锥形，长于萼筒，着生贴伏柔毛；蝶形花冠常为淡黄、深蓝至暗紫色，花瓣均有长瓣柄，旗瓣长

（a）
茎直立丛生；三出复叶小叶长卵形

（b）
蓝紫色头状花序腋生

（c）
四棱茎被柔毛；蝶形花冠；种子黄色

苜蓿

圆形，先端微凹，明显长于翼瓣和龙骨瓣，翼瓣稍长于龙骨瓣；子房线形，着生柔毛，花柱短阔，上端细尖，柱头点状，胚珠较多。荚果呈螺旋状紧卷2～4圈，中央无孔或近无孔，直径5～9mm，着生柔毛或渐脱落，脉纹细，不清晰，成熟时为棕色；种子黄色或棕色卵形，10～20粒，表面平滑。花期5～7月，果期6～8月。

【生长环境】

常生于田边、路旁、旷野、草原、河岸及沟谷等地。

【植物应用】

食用：幼嫩茎叶可食用。

药用：全草入药，有宽中下气、健脾补虚、利尿的功效。用于治疗胸腹胀满、消化不良、浮肿等症。

工业：植株富含粗蛋白质、糖类、淀粉、纤维素、维生素和矿质营养元素，可广泛种植用作饲料与牧草。

绿化：植株枝叶繁茂，覆地面广，根系发达，可减少地表径流，保持水土。

37. 长萼鸡眼草 *Kummerowia stipulacea* (Maxim.) Makino

【别名】

掐不齐、短萼鸡眼草、斑鸠窝草、雀扑落、蚂米草、公母草、地首蓿。

【分类地位】

双子叶植物，豆科，鸡眼草属。

【形态特征】

一年生草本，高7～15cm。须根纤细。茎伏卧、上升或直立，通常分枝较多而密，茎和枝上被疏生向上的细白毛，有时仅节处有毛。三出羽状复叶互生，具3小叶；小叶纸质，倒卵形、宽倒卵形或倒卵状楔形，长5～18mm，宽3～12mm，先端圆形、微凹或近截形，有刺尖，基部楔形，全缘，背面中脉及边缘有伸展的刚毛，侧脉多而密，与主脉成一定角度（掐不齐）；叶柄短；托叶卵形，先端突尖，膜质，长3～8mm，比叶柄长或有时近相等，边缘通常无毛。

花常1～2朵腋生，花梗有毛；萼下方通常有小苞片4枚，较萼筒稍短、稍长或近等长，其中1枚很小，生于花梗关节之下，常具1～3条脉；花萼膜质，阔钟形，5齿裂，萼齿广卵形、广椭圆形或宽卵形，有缘毛；

(a)

多分枝伏卧茎被疏生向上白毛

(b)

三出复叶，小叶侧脉与主脉成一定角度
（掐不齐）

(c)

托叶膜质卵形，蝶形花紫色；荚果较萼长

长萼鸡眼草

蝶形花冠上部暗紫色，长5.5～7mm，旗瓣椭圆形、先端微凹、下部渐狭成瓣柄（爪）、较龙骨瓣短，翼瓣狭披针形、与旗瓣近等长，龙骨瓣钝、比旗瓣及翼瓣长、上面有暗紫色斑点；雄蕊10枚，二体（9+1）；雌蕊1枚，子房上位。荚果椭圆形或卵形，长约3mm，常较萼长1.5～3倍，稍侧偏，两面凸，顶端圆形，具微小刺尖，表面被细毛。花期7～8月，果期8～10月。

【生长环境】

生于路旁、稍湿草地、山坡、沙砾质地、河岸及固定或半固定沙丘等处。

【应用】

药用：全草入药，味甘、辛、微苦，性平、凉，有清热、利湿、解毒、消肿、健脾之效，常用于治疗感冒发热、暑湿吐泻、黄疸、痢疾、疟疾、痈疖疔疮、血淋、咯血、衄血、跌打损伤、赤白带下等症。

工业：长萼鸡眼草是家畜喜食的牧草，可用作牲畜的饲料，通常用作牛羊饲料，也可作为绿肥使用。

绿化：长萼鸡眼草伏地生长，可以用作裸地覆盖植物，适合绿化废弃矿山边坡，是优良的水土保持植物。

38. 歪头菜 *Vicia unijuga* A. Br.

【别名】

两叶豆苗、三铃子、山豌豆、豆苗菜、豆叶菜、偏头草、鲜豆苗、草豆。

【分类地位】

双子叶植物，豆科，野豌豆属。

【形态特征】

多年生草本，高（15）40～100（180）cm。根茎粗壮近木质，主根长达8～9cm，直径2.5cm，须根发达，表皮黑褐色。茎直立，常丛生，具四棱，有分枝，疏被淡黄色柔毛，老时渐脱落，茎基部表皮红褐色或紫褐红色。羽状复叶互生，有小叶2枚，小叶对生；叶轴顶端为细刺尖头，偶见卷须；托叶狭菱形、半边箭形、戟形或近披针形，长0.8～2cm，宽3～5mm，边缘有不规则齿蚀状；小叶大小和形状变化很大，卵形、卵状披针形或近菱形，长（1.5）3～7（11）cm，宽1.5～4（5）cm，先端尾状渐尖，边缘具小齿状或全缘，基部楔形或广楔形，不对称，两面均疏被微柔毛。

总状花序或圆锥状复总状花序腋生，明显长于叶，长4.5～7cm，花8～20朵一面向密集于花序轴上部。花萼斜钟状或钟状，长约0.4cm，直径0.2～0.3cm，紫色，无毛或近无毛，萼齿5枚，三角形，下面3齿高，疏生短毛，萼齿长为萼筒的1/5，明显短于萼筒；蝶形花冠长1～1.6cm，呈蓝紫色、紫红色或淡蓝色；旗瓣倒提琴形，中部缢缩，先端圆有凹，长1.1～1.5cm，宽0.8～1cm；翼瓣先端钝圆，长1.3～1.4cm，宽0.4cm，下部有耳和爪；龙骨瓣曲卵形，有耳及爪，与翼瓣等长或短于翼瓣；雄蕊10枚，两体（9+1），花药同型；雌蕊1枚，子房上位，

(a)

茎四棱；托叶半边箭形；总状花序花紫红色

(b)

羽状复叶有2小叶；荚果长圆形

歪头菜

线形，无毛，胚珠2～8，具子房柄，花柱上部四周被毛。荚果扁，长圆形或长椭圆形，长2～3.5cm，宽0.5～0.7cm，无毛，表皮棕黄色，近革质，两端渐尖，先端具喙，成熟时腹背开裂，果瓣扭曲。种子3～7，扁圆球形，直径0.2～0.3cm，种皮黑褐色，革质。花期6～7月，果期8～9月。

【生长环境】

喜光、稍耐阴、耐瘠薄、喜冷凉气候环境，常生于草地、山沟、岸边、林缘或向阳的灌丛中。

【应用】

食用：歪头菜幼苗含有多种维生素、微量元素、氨基酸等，其幼苗和嫩茎叶可作蔬菜食用。歪头菜种子含淀粉超过40%，且含多种氨基酸，是酿酒、造醋的优质原料之一。也可将其种子磨粉食用。

药用：全草可入药，性平、味甘，具有补虚调肝、理气止痛、清热利尿的功效，主要用于治疗头晕目眩、体虚浮肿、气滞胃痛等病症，外用可治疗疔肿毒。

工业：歪头菜营养丰富，花期粗蛋白含量最高可达2%，一般不低于15%，所含的必需氨基酸也很丰富，适口性好，马、牛最喜食，家兔和梅花鹿也喜食其叶，对家兔和家畜有良好的催肥作用，且耐践踏，再生力强，是优质牧草之一。

绿化：歪头菜植株秀丽，花序硕大成串，花蓝紫色或蓝色，花色艳丽，花期长，是优良的夏季观花、城市绿化观赏植物，亦可用作地被。

十三、酢浆草科 Oxalidaceae

39. 酢浆草 *Oxalis corniculata* L.

【别名】

酸浆草、酸酸草、斑鸠酸、三叶酸、酸咪咪、钩钩草、黄花酢浆草。

【分类地位】

双子叶植物，酢浆草科，酢浆草属。

【形态特征】

多年生草本，高10～35cm，全株密被柔毛。根茎肥厚。茎细弱，多分枝，直立或匍匐生长，匍匐茎节上生根。叶基生或茎上互生；托叶小，呈长圆形或卵形，边缘密被长柔毛，叶基与叶柄合生；叶柄长1～13cm，基部具关节；小叶3片，无叶柄，倒心形，长4～16mm，宽4～22mm，叶尖凹入，叶基呈宽楔形，叶片上下表面着生柔毛或无毛，沿脉被毛较密，边缘被贴伏毛。

花单生或数朵聚集为伞形花序状，腋生，总花梗为淡红色；花梗长4～15mm；小苞片披针形2片，长2.5～4mm，膜质；花萼5片，呈披针形或长圆状披针形，长3～5mm，背面和边缘着生柔毛，宿存；花瓣5个，黄色，长圆状倒卵形，长6～8mm，宽4～5mm；雄蕊10枚，花丝白色半透明，偶见着生疏短柔毛，基部合生；子房为长圆形，有5室，着生短伏毛，花柱5个，柱头为头状。蒴果呈长圆柱形，长1～2.5cm，5棱。种子褐色或红棕色长卵形，长1～1.5mm，具横向肋状网纹。花期5～8月，果期6～9月。

【生长环境】

常生于山坡、草池、河谷沿岸、路边、田边、荒地或林下阴湿处等。

【应用】

食用：植株茎叶含大量草酸盐、柠檬酸、酒石酸，食用不宜过多。

药用：全草入药，有解热利尿、消肿散瘀的功效，用于治疗感冒发

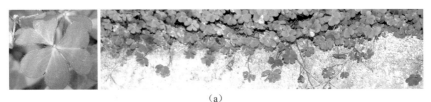

（a）

匍匐茎细弱分枝；小叶3片倒心形

（b）　　　　　　　　　　　　　　（c）

黄色花单生叶腋　　　　　全株被毛；长圆柱形蒴果具5棱

酢浆草

热、肠炎、尿路感染、尿路结石、神经衰弱；外用治跌打损伤、毒蛇咬伤、痈肿疮疖、脚癣、湿疹、烧烫伤等症。

工业：茎叶含草酸，可用于磨镜或擦铜器，使其恢复光泽。

绿化：植株生长迅速，开花期长，栽培简单，常用于园林花坛栽培。

十四、牻牛儿苗科 Geraniaceae

40. 鼠掌老鹳草 *Geranium sibiricum* L.

【别名】

西伯利亚老鹳草、鼠掌草、老鸦草、鲜红草、白毫花、老鸹头。

【分类地位】

双子叶植物，牻牛儿苗科，老鹳草属。

【形态特征】

一年生或多年生草本，高30～70cm，直根，偶有少数分枝。茎纤细，仰卧或向上斜升，多分枝，具棱槽，着生倒向疏柔毛。叶对生，宽肾状五角形，托叶披针形，棕褐色，长8～12cm，叶片先端渐尖，基部抱茎生长，被倒向长柔毛；基生叶和茎下部叶柄较长，为叶片的2～3倍；下部叶片基部宽心形，长3～6cm，宽4～8cm，掌状5深裂，裂片呈倒卵形、菱形或长椭圆形，中部以上呈齿状羽裂或齿状深缺刻，下部楔形，上下表面被疏伏毛，背面沿叶脉被毛较密；上部叶片

（a）

多分枝茎平卧；叶掌状5深裂；花单生叶腋

（b）

花梗被柔毛，淡紫色花瓣倒卵形

（c）

蒴果具长喙，被疏柔毛

鼠掌老鹳草

叶柄短，3～5裂。

花单生于叶腋，总花梗丝状，被倒向柔毛或伏毛，生1花或偶生2花；苞片对生，棕褐色、钻状、膜质，生于花梗中部或基部；萼片为卵状椭圆形或卵状披针形，长约5mm，先端急尖，为短尖头形，背面沿脉被疏柔毛；花瓣呈倒卵形，淡紫色或白色，等于或稍长于萼片，先端微凹或缺刻状，基部具短爪；雄蕊5，花丝扩大成披针形，边缘被毛；雌蕊1，子房上位，花柱不明显，分枝长约1mm。蒴果具长喙，长15～18mm，被疏柔毛，果梗下垂。种子肾状椭圆形，黑色，长约2mm，宽约1mm。花期6～7月，果期8～9月。

【生长环境】

常生于林缘、疏灌丛、河谷草甸，常为田间杂草。

【应用】

药用：全株可入药，有活血化瘀、消肿止痛的功效，可用于治疗跌打损伤、关节肿痛、腹泻、痢疾等症。

工业：茎叶质地柔软，适口性良好，鲜嫩与干枯茎叶均可用作牲畜饲料。

十五、蒺藜科 Zygophyllaceae

41. 蒺藜 *Tribulus terrestris* L.

【别名】

白蒺藜、名茨、旁通、屈人、休羽、升推、刺蒺藜、八角刺、野菱角。

【分类地位】

双子叶植物，蒺藜科，蒺藜属。

【形态特征】

一年生或多年生草本，全株密被灰白色柔毛。茎匍匐或平卧，由基部生出多数分枝，枝长30～60cm，表面有纵纹。偶数羽状复叶对生，叶连柄长2.5～6cm；托叶对生，形小，永存，卵形至卵状披针形；小叶5～7对，具短柄或几无柄，小叶片长椭圆形、矩圆形或斜短圆形，全缘，长5～16mm，宽2～6mm，先端锐尖、短尖、急尖或钝，基部常偏斜，上面仅中脉及边缘疏生细柔毛，下面毛较密。

花单生叶腋间，直径8～20mm；花梗短于叶，丝状；萼片5，卵状披针形，边缘膜质透明，宿存；花瓣5枚，黄色，倒广卵形；花盘环状；雄蕊10枚，生于花盘基部，其中5枚较长且与花瓣对生，在基部的外侧各有1小腺体，花药椭圆形，花丝丝状；雌蕊1枚，子房上位，卵形5棱，通常5室，花柱短，圆柱形，柱头5裂，线形。蒴果较硬，直径约1cm，由5个果瓣组成，成熟时分离，每果瓣呈斧形，长4～6mm，无毛或被毛，中部边缘有锐刺2枚，下部常有小锐刺2枚，其余部位常有小瘤体。每分果有种子2～3枚，长卵圆形，稍扁，具油性。花期6～8月。果期7～9月。

【生长环境】

生长于田野、路旁、河边草丛、沙地、荒地、山坡、居民点附近。

【应用】

药用：蒺藜果实入药，有平肝潜阳、祛风止痒、明目、散结祛瘀的功效，主治头痛、眩晕、目赤翳障、胸胁不舒及女性头痛、头晕、眩晕、胸胀、乳房缩小、乳腺炎等症。

绿化：能生长于荒漠和半荒漠的沙区和砾石山坡，可用于防风固沙。

（a）

多分枝茎匍匐或平卧

（b）

黄色花单生叶腋；五角形蒴果具锐刺

（c）

全株被毛；偶数羽状复叶对生

蒺藜

十六、芸香科 Rutaceae

42. 白鲜 *Dictamnus dasycarpus* Turcz.

【别名】

白藓、白羊鲜、白膻、金雀儿椒、藓皮、千金拔、八股牛、山牡丹。

【分类地位】

双子叶植物，芸香科，白鲜属。

【形态特征】

多年生草本植物，高40～100cm，全株有强烈臭味。根肉质粗长，斜生，淡黄白色。茎直立，基部木质化，上部分枝，幼嫩部分密被长毛及水泡状凸起的油点。奇数羽状复叶互生，叶轴两侧有甚狭窄的翼叶；小叶9～13片，对生，无柄，位于顶端的一片则具长柄；小叶片椭圆形、长圆形、卵形、长圆状卵形至卵状披针形，长3～12cm，宽1～5cm，生于叶轴上部的较大；小叶先端渐尖或锐尖，基部广楔形或近圆形、稍偏斜，叶缘有细锯齿，叶脉不甚明显；小叶表面密集油点，两面疏生毛，脉上毛较多，成长叶的毛逐渐脱落。

(a)

叶轴两侧有狭窄翼叶；奇数羽状复叶互生

总状花序顶生，长15～30cm，花大，两性，花轴及花梗密布黑紫色腺点及白色柔毛；花梗长1～1.5cm，基部着生1枚苞片，苞片线状披针形、狭披针形或披针形；萼片5枚，狭披针形，长6～8mm，宽2～3mm，绿色，宿存；花瓣5枚，倒披针形，长2～2.5cm，宽5～8mm，基部渐

(b)

粗根肉质；总状花序花淡红色；蓇葖果5裂

白鲜

细成爪状，先端钝，背面沿中脉两侧及边缘有腺点和柔毛，呈淡红色、紫红色或白色，有明显的红紫色条纹；雄蕊10，花丝细长，从下向上弯曲，伸出花瓣外，表面被短柔毛，近顶端密被多数凸起的黑紫色腺点，花药黄色，长圆形；雌蕊1枚，子房上位，有柄，倒卵圆形，宽约3mm，5裂，密被柔毛及腺点，花柱丝状，长约10mm，较雄蕊短，表面密被短柔毛，柱头头状；萼片及花瓣均密生透明油点。果实（蓇葖）成熟后沿腹缝线开裂为5个分果瓣，每分果瓣又深裂为2小瓣，裂瓣长约1cm，顶角短尖，背面密被黑紫色腺点和白柔毛，内果皮蜡黄色，有光泽，每片果瓣有种子2～3粒。种子阔卵形或近圆球形，长3～4mm，厚约3mm，光滑。花期4～5月，果期5～6月。

【生长环境】

喜温暖湿润环境，多生长于草原、山坡、林下、林缘或草甸等处。

【应用】

药用：根皮入药叫"白鲜皮"，有清热燥湿、祛风止痒和解毒功效，可用于治疗风热疮毒、疥癣、皮肤瘙痒、风湿痹痛、刀伤、肝炎、淋巴结炎、产后中风、荨麻疹、痔疮、湿疹、黄水疮、黄疸、漆疮及阴部瘙痒等症。

工业：全株可作植物性杀虫剂，叶、花具有浓郁的芳香气味，可提取芳香油。

绿化：株形优美，叶青翠秀雅，花色泽艳丽，盛花时节，花蕾绽放，争奇斗艳，非常唯美和壮观。果实造型新颖别致，酷似八角。可用于花坛、花境，也可做切花。

注意：全草有毒，人接触到蒴果在阳光下暴晒，皮肤会出现红色斑点，偶尔会出现黄豆粒大小的水泡。

十七、大戟科 Euphorbiaceae

43. 地锦草 *Euphorbia humifusa* Willd.

【别名】

血见愁、红丝草、奶浆草、铺地草、红乳草、四棱香、水苏麻。

【分类地位】

双子叶植物，大戟科，大戟属。

【形态特征】

一年生草本，全株具白色乳汁。根纤细不分枝，长 10 ～ 18cm，直径 2 ～ 3mm。茎匍匐，近地处多分枝，偶尔先端斜向上伸展，基部呈红色或淡红色，长达 20cm，直径 1 ～ 3mm，着生柔毛。叶对生，叶片矩圆形或椭圆形，长 5 ～ 10mm，宽 3 ～ 6mm，先端钝圆形，基部偏斜略狭，边缘常于中部以上具细锯齿；叶上表面绿色，下表面淡绿色，有时淡红色，两面着生疏柔毛；叶柄极短，长 1 ～ 2mm。

杯状聚伞花序单生于叶腋，花柄短；总苞为陀螺状，高与直径各约 1mm，边缘 4 裂，裂片呈三角形；腺体 4 个，矩圆形，边缘具花瓣状白色或淡红色附属物；花单性，雌雄同株；雄花多数，近与总苞边缘等长，每花雄蕊 1 枚；雌花 1 枚，在总苞中央，子房三棱状卵形，光滑无毛，因有长柄而伸出至总苞边缘，花柱 3 个，分离状，柱头 2 裂。蒴果为三棱状卵球形，长约 2mm，直径约 2.2mm，成熟时分裂为 3 个分果爿，花柱宿存。种子为三棱状卵球形，长约 1.3mm，直径约 0.9mm，灰色，每个棱面无横沟，无种阜。花期 5 ～ 8 月，果期 7 ～ 10 月。

【生长环境】

常见于荒地、路旁、田间、沙丘、海滩、山坡等地。

【应用】

药用：全草入药，有清热解

（a）

聚伞花序单生于叶腋，子房卵形

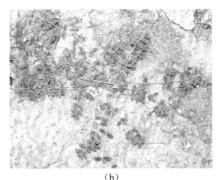

（b）

匍匐茎多分枝；椭圆形叶对生

（c）

植物具白色乳汁；茎淡红色；蒴果三棱状卵球形

地锦草

毒、利尿、通乳、止血及杀虫作用，用于痢疾、泄泻、黄疸、咳血、尿血、便血、崩漏、疮疖痈肿、疳积、肿胀、皮炎、湿疹、乳汁不通、创伤出血及跌打损伤等症。

工业：植物叶含鞣质，可提取单宁。嫩茎叶可作饲料。

44. 乳浆大戟 *Euphorbia esula* L.

【别名】

猫眼草、华北大戟、乳浆草、奶浆草、烂巴眼、猫眼睛、新月大戟。

【分类地位】

双子叶植物，大戟科，大戟属。

【形态特征】

多年生草本，含乳汁。根圆柱状，长20cm以上，直径3～5mm，不分枝或分枝，曲折，褐色或黑褐色。茎直立，单生或丛生，单生时自基部多分枝，高30～60cm，直径3～5mm。营养枝上叶密生，线形，长1～3cm，直径约1mm；生殖枝上叶互生，叶线形、披针形至卵形，长2～7cm，宽4～7mm，先端尖或钝尖，基部楔形至平截；叶片均无叶柄，全缘。

(a)

单性花雌雄同株；腺体新月形；子房伸出总苞外；蒴果球形

(b)　　　　　　　　　　　　　　　　(c)

营养枝叶密生，生殖枝叶互生，叶片全缘　　　聚伞花序顶生；苞叶三角状卵形

乳浆大戟

花单性，雌雄同株。多歧聚伞花序顶生，2～3回分叉（分枝），基部有多数轮生叶和苞叶，单枝还有对生苞叶；苞叶宽心形、肾形、卵形或三角状卵形，长4～12mm，宽4～10mm，先端渐尖或近圆，基部近平截。雄花多数，雌花一枚，生于钟状总苞内；总苞高约3mm，直径2.5～3.0mm，顶端4裂，裂片半圆形至三角形，边缘及内侧被毛；裂片间有4枚新月形腺体，两端具角，角长而尖或短而钝，变异幅度较大，褐色。每朵雄花只有1个雄蕊，花丝短，生于变态梗上，苞片宽线形，无毛；雌花1个，着生于杯状聚伞花序的中央，常无花被，雌蕊1枚，子房因有长柄明显伸出总苞之外，子房3室，光滑无毛，花柱3个，分离状，柱头2裂。蒴果三棱状球形，长与直径为5～6mm，有3个纵沟，花柱宿存，成熟时分裂为3个分果爿。种子卵球状，长2.5～3.0mm，直径2.0～2.5mm，成熟时为黄褐色，种阜盾状，无柄。花期4～7月，果期6～10月。

【生长环境】

生于路旁、山坡、林下、河沟边、荒山、沙丘及草地。

【植物应用】

食用： 枝叶含有乳白色浆液，有毒，不可食用。

药用： 全草入药，味微苦，性平，有毒，有拔毒止痒的功效，用于治疗水肿、胀、瘰疬、皮肤瘙痒等症。

工业： 种子含油量达30%，全株作燃料作物，用于家庭取暖。

绿化： 叶形、苞叶等变异较大。进入花期后，茎叶黄绿色，极具观赏性。

45. 铁苋菜 *Acalypha australis* L.

【别名】

人苋、血见愁、海蚌含珠、撮斗装珍珠、叶里含珠、叶下双桃。

【分类地位】

双子叶植物，大戟科，铁苋菜属。

【形态特征】

一年生草本，高30～50cm。直根系，主、侧根明显。茎直立，单一或分枝，有纵条纹，被灰白色细柔毛。单叶互生；叶柄长2～6cm，具短柔毛；叶片膜质，卵形、长卵形、卵状菱形、卵状椭圆形或阔披针形，长3～9cm，宽1～5cm，先端渐尖，基部楔形或圆形，边缘有钝齿或圆锯齿，两面略粗糙，上面无毛，下面沿中脉具柔毛，基出脉3条，侧脉3对；托叶披针形，长 1.5 ～ 2mm，具短柔毛。

　　穗状花序腋生，花单性，雌
雄同株，雄花序在雌花序上面。雄
花序穗状，长 2 ～ 10mm，生于极
小苞片内；雄花苞片卵形，长约
0.5mm，苞腋具雄花 5 ～ 7 朵，簇
生；花梗长 0.5mm；雄花花蕾时
近球形，无毛，花萼裂片 4 枚，卵
形，镊合状，长约 0.5mm；雄蕊 8
枚，花药长圆筒形，弯曲。雌花序
生于叶状苞片内；雌花苞片 1 ～ 2
（4）枚，卵状心形，苞片展开时肾
形，长 1 ～ 2cm，合时如蚌，边缘
有钝锯齿，基部心形，苞片花后增
大，长 1.4 ～ 2.5cm，宽 1 ～ 2cm，
边缘具三角形齿，外面沿掌状脉具
疏柔毛；雌花 3 ～ 5 朵生于苞片内；
萼片 3 枚，长卵形，长 0.5 ～ 1mm，
具疏毛；无花瓣；雌蕊 1 枚，子房
上位，具疏毛，花柱 3 枚，羽状分
裂至基部，长约 2mm，撕裂 5 ～ 7
条。蒴果淡褐色，三角状半圆形，
直径 4mm，具 3 个分果爿，果皮具
疏生毛和毛基变厚的小瘤体。种子
黑色，近卵状，长 1.5 ～ 2mm，种
皮平滑，假种阜细长。花期 5 ～ 7 月，果期 7 ～ 10 月。

(a)

花单性，雌雄同株，穗状雄花序在上，雌花
序生于苞片内

(b)

茎直立；椭圆形膜质叶具圆锯齿缘，叶基
出脉 3 条

(c)

直根系；茎有纵条纹被灰白毛；雌花花柱羽状

铁苋菜

【生长环境】

生于山坡、沟边、路旁、田野、较湿润耕地和空旷草地。

【应用】

食用：铁苋菜营养丰富，富含蛋白质、脂肪、胡萝卜素和钙，为南方
各地民间野菜品种之一。可以将生长出来的铁苋菜鲜嫩叶片采摘下来作为
蔬菜，经过烹饪后味道相当可口。

药用：铁苋菜以全草或地上部分入药，味苦、涩，性凉，具有清热解

毒、利湿消积、收敛止血的功效，常用于肠炎、细菌性痢疾、阿米巴痢疾、小儿疳积、吐血、衄血、尿血、便血、子宫出血、痈疖疮疡、皮肤湿疹、外伤出血、湿疹、皮炎、毒蛇咬伤等症。

十八、锦葵科 Malvaceae

46. 野西瓜苗 *Hibiscus trionum* L.

【别名】

小秋葵、香铃草、山西瓜秧、野芝麻、打瓜花、灯笼花、火泡草。

【分类地位】

双子叶植物，锦葵科，木槿属。

【形态特征】

一年生直立或平卧草本，高25～70cm，茎绿色质地柔软，着生白色星状粗毛。上下部叶片形状不同，下部叶圆形、不分裂，上部叶掌状3～5深裂，叶直径3～6cm，中裂片较长，两侧裂片较短，裂片倒卵形至长圆形，通常为羽状全裂，叶片上表面被粗硬毛或无毛，下表面被星状粗刺毛；叶柄被毛长2～4cm；托叶线形被毛，长约7mm。

淡黄色花单生于叶腋，花梗长约2.5cm，果时延长达4cm，被星状粗硬毛；12片苞片呈线形被毛，长约8mm，基部合生；花萼淡绿色，钟形被毛，长1.5～2cm，裂片5片，膜质，呈三角形，具纵向紫色条纹，中部以上合生；花冠淡黄色，花瓣5片，倒卵形，内基部呈紫色，直径2～3cm，长约2cm，外面疏被极细柔毛；雄蕊柱长约5mm，花丝纤细，长约3mm，花药黄色；雌蕊花柱5枝，无毛。蒴果长圆状球形，直径约1cm，被粗硬毛，果爿5枚，果皮薄，黑色；种子肾形，黑色，具腺状突起。花期7～10月，果期8～10月。

【生长环境】

生长于平原、山野、丘陵或田埂，是常见的田间杂草。

【应用】

食用： 野西瓜苗嫩叶可食用。

药用： 全草和果实、种子作药用，用于治疗烫伤、烧伤、急性关节炎

（a）

蒴果长圆状球形；肾形种子黑色

（b）   （c）

叶片羽状全裂；单生花淡黄色   茎叶绿色被白毛；苞片线形被毛，花萼
                                                           绿色钟形

野西瓜苗

等症。种子可用于治疗肺结核、咳嗽、肾虚、头晕、耳鸣、耳聋等症。

工业：野西瓜苗为中等饲用植物。营养及适口性较好，制成青干草后，可供牲畜食用。

47. 苘麻 *Abutilon theophrasti* Medicus.

【别名】
椿麻、塘麻、青麻、白麻、车轮草、苘实、冬葵子、青麻子。

【分类地位】
双子叶植物，锦葵科，苘麻属。

【形态特征】
一年生亚灌木状草本，高达 1 ～ 2m，茎枝被柔毛。茎直立，分枝，茎皮黄绿色，可剥离。叶互生；叶柄长 3～12cm，被星状细柔毛；托叶早落；叶片圆心形，长 5～10cm，先端长渐尖，基部心形，边缘具细圆锯齿，两面均密被星状柔毛，掌状叶脉。

花单生于叶腋，花梗长 1～13cm，被柔毛，近顶端具节；花萼杯状，密被短茸毛，裂片 5，卵形，长约 6mm；花瓣 5 枚，黄色，倒卵形，长约 1cm，基部连合与雄蕊柱合生；雄蕊柱平滑无毛，顶端具多数雄蕊，基部花丝合生成筒，花药 1 室；雌蕊 1 枚，子房上位，心皮 15～20 个，长 1～1.5cm，顶端平截，具扩展、被毛的长芒 2 条，排列成轮状，密被软毛。蒴果半球形，直径约 2cm，长约 1.2cm，分果爿 15～20，被粗毛，顶端具长芒 2 条，熟后黑色；种子肾形，黑褐色，被星状柔毛。花期 7～8 月，果期 8～9 月。

（a）
黄色花腋生，花瓣基部与雄蕊柱合生

（b）
直立草本全株被毛；圆心形叶互生

（c）
半球形蒴果果爿明显；肾形种子黑褐色

苘麻

【生长环境】
常见于路旁、荒地和田野间，东北各地有栽培。

【应用】
食用：苘麻嫩果籽粒可以食用，味道清新。

药用：全草可作药用，具有通便、去火气、通乳、祛风解毒、解毒开窍、消肿止痛、清热利湿等功效。对于化脓性扁桃体炎、中耳炎、耳鸣、耳聋、痢疾、睾丸炎、痈疽肿毒等症有很好的治疗作用。

工业：茎皮纤维色白，具光泽，可作编织麻袋、搓绳索、编麻鞋等纺织材料。种子含油量为 15%～16%，供制皂、制油漆和工业用润滑油。

十九、堇菜科 Violaceae

48. 紫花地丁 *Viola philippica* Cav.

【别名】

野堇菜、光瓣堇菜、光萼堇菜、蓝堇菜、兔耳草、箭头草、见肿消。

【分类地位】

双子叶植物,堇菜科,堇菜属。

【形态特征】

多年生草本,无地上茎,高4～14cm。根状茎短,淡褐色垂直,长4～13mm,粗2～7mm,生有多条淡褐色或近白色的细根。叶基生,呈莲座状;近地叶片较小,呈三角状卵形或狭卵形,上部叶片较长,呈长圆形、狭卵状披针形或长圆状卵形,长1.5～4cm,宽0.5～1cm,叶尖圆钝,叶基呈截形或楔形,少数呈微心形,叶缘为较平圆齿状,叶片上下表面无毛或被细短毛,有时仅下表面沿叶脉被短毛,果期叶片增大,长可达10cm多,宽可达4cm;叶柄在花期通常为叶片的1～2倍,无毛或着生细短毛;托叶膜质,苍白色或淡绿色,长1.5～2.5cm,叶缘为具腺体的流苏状细齿状或近全缘。

花紫堇色或淡紫色,偶见白色,喉部色较淡并带有紫色条纹;花梗细弱,与叶片等长或稍高,

(a)

叶片长卵形,叶基心形,细齿缘或全缘

(b)

基生叶莲座状着生;花紫堇色或淡紫色

(c)

根淡褐色;花有细长距;蒴果三瓣裂;种子卵球形

紫花地丁

中部附近有2枚线形小苞片；萼片呈卵状披针形或披针形，长5～7mm，先端渐尖，基部附属物短，长1～1.5mm，末端呈圆形或截形，边缘具膜质白边；上方花瓣为倒卵形或长圆状倒卵形，侧方花瓣长为1～1.2cm，下方花瓣有紫色脉纹，有长4～6mm的细距；花药长约2mm；子房呈卵形，无毛，花柱棍棒状，基部稍弯曲，柱头为三角形。蒴果长圆形，长5～12mm，无毛，成熟时三瓣裂；种子淡黄褐色，卵球形，长1.8mm。花期3～4月，果期4～6月。

【生长环境】

常生于田间、荒地、山坡草丛、林缘或灌丛中，在庭园较湿润处常形成小群落。

【植物应用】

食用： 嫩叶可作野菜食用。

药用： 全草入药，有清热解毒、凉血消肿的功效，用于治疗痈疖、丹毒、目赤肿痛、咽炎等症。

绿化： 植株花期早且集中，可用于早春观赏花卉或早春模纹花坛的构图。

二十、报春花科 Primulaceae

49. 点地梅 *Androsace umbellate* (Lour.) Merr.

【别名】

喉咙草、铜钱草、白花珍珠草、天星花、佛顶珠、白花草、清明花。

【分类地位】

双子叶植物，报春花科，点地梅属。

【形态特征】

一年生或二年生草本，全株密被灰白色节状细柔毛。主根不明显，具多数须根。叶全部基生，10～30片簇生，呈莲座状，平铺地面；叶柄长1～4cm，被开展的柔毛；叶片近圆形或卵圆形，长5～20mm，宽6～15mm，先端钝圆，基部浅心形至近圆形，边缘具三角状钝牙齿，两面均被贴伏的短柔毛。

花莛数枚自叶丛中抽出，高4～15cm，被白色短柔毛；莛顶端形成伞形花序，有4～15朵花。苞片4～10片轮状着生，卵形、卵状披针形至披针形，长3～4mm，宽0.5～1.5mm，先端渐尖。花梗纤细，径0.2～0.5mm，长1～3cm，果时伸长可达6cm，被柔毛并杂生短柄腺体；小花梗纤弱，长1～3cm，混生腺毛。花萼杯状，长3～4mm，密被短柔毛；5深裂近达基部，裂片菱状卵圆形、长卵形或卵状披针形，长3～4mm，果期伸长达5mm并呈星状水平开展，具3～6条明显纵脉。花冠通常白色、淡粉白色或淡紫白色，筒状，直径4～6mm，筒部长约2mm，短于花萼，喉部黄色；5裂，裂片与花冠筒近等长或稍长，倒卵状长圆形，长

（a）

无茎草本全株被毛；基生叶莲座状，卵圆形叶具钝牙齿缘

（b）

伞形花序，白色花冠5裂，雄蕊内藏

点地梅

2.5～3mm，宽1.5～2mm，明显超出花萼。雄蕊10枚，着生于花冠筒中部，长约1.5mm，花丝短，内藏。雌蕊1枚，子房上位，球形，花柱极短。蒴果近球形，稍扁，直径2.5～3mm，成熟后5瓣裂，果皮白色，近膜质，有多数种子。种子小，棕褐色，长圆状多面体形，径约0.3mm，种皮有网纹。花期3～5月，果期5～6月。

【生长环境】

喜温暖湿润、向阳环境和肥沃土壤，常生长于山野、林缘、草地、疏林下或路旁较潮湿处。

【应用】

药用：全草入药，性味苦、辛、寒，有清热解毒、消肿止痛、利水、消炎杀菌的功效，主治咽喉肿痛、扁桃体炎、咽喉炎、白口疮、口腔炎、舌苔厚白、口腔溃疡、牙龈肿痛、口干、口臭、风火赤眼、急性结膜炎、跌打损伤等症，对慢性咽炎、慢性支气管炎、腰酸背痛、四肢无力、偏头

痛、毒蛇咬伤、痈疮肿毒、牙痛、腰肌劳损、女性崩漏带下、白带异味、外阴瘙痒也有缓解作用。

绿化：点地梅花小，形似梅花，盛花时如繁星点点，一片雪白，别有姿韵，有着较高的观赏价值和装饰作用。点地梅植株矮小，叶片丛生，平铺在地面上，可以起到很大的绿化作用，适宜岩石园栽植及灌木丛旁用作地被材料，适合作为园林景观种植，供人观赏。小花也是制作压花作品的好原料。

二十一、萝藦科 Asclepiadaceae

50. 萝藦 *Cynanchum rostellatum* (Turcz.) Liede & Khanum

【别名】

老鸹瓢、哈利瓢、哈喇瓢、老鸹瓢、老人瓢、墙瓢、雀瓢。

【分类地位】

双子叶植物，萝藦科，萝藦属。

【形态特征】

多年生草质藤本，长达8m，具乳汁。茎圆柱状，下部木质化，上部较柔韧，表面淡绿色。单叶对生，叶膜质，全缘；叶片卵状心形，长8～11cm，宽5～8cm，先端短渐尖，基部心形，两叶耳圆，展开或紧接；叶面绿色，叶背粉绿色；叶柄长3～6cm，顶端丛生腺体。

总状花序或总状聚伞花序，腋生或腋外生，着花通常13～15朵。总花梗长4～12cm，被短柔毛；小苞片膜质，披针形，顶端渐尖。花萼5深裂，裂片披针形，长5～7mm，宽2mm，外面被微毛。花冠近辐状，白色，具有淡紫红色斑纹；花冠筒短，5裂，裂片披针形，张开，顶端反折，基部向左覆盖，内面密被白柔毛；副花冠环状，着生于合蕊冠上，5浅裂，与雄蕊互生。雄蕊5枚，着生于花冠基部，连生成圆锥状，包围雌蕊；花药顶端具白色膜片，花粉块下垂。雌蕊2心皮离生，子房上位；花柱短，柱头延伸成丝状（长喙），顶端2裂。蓇葖果叉生，纺锤形，黄绿色，长8～9cm，直径约2cm，先端急尖，基部膨大，表面具瘤状凸起，平滑无毛；果实嫩时味甜有汁可食用，老熟后会从中间纵裂开，果壳呈瓢状。种子扁平，卵圆形，长5～7mm，宽3～5mm，嫩时白色，成熟后有褐色膜质边缘，顶端具长约1.5cm的白色绢质种毛；果实开裂后，种子依赖种毛可借助风力飞行。花期6～9月，果期8～10月。

（a）
草质藤本具乳汁；对生叶片卵状心形

注：按最新的分类研究，将萝藦划入夹竹桃科鹅绒藤属植物。

【生长环境】

常生长于林缘、荒地、山脚、河边、路旁、田边和灌木丛中，村舍附近栅栏及篱笆墙也常见到。

（b）
总状花序，花冠反折被白毛，柱头延伸成丝状

【应用】

食用：嫩果富有汁液，白色，味甜，可以食用。

药用：全株均可药用，具有性温、益气、通乳、解毒功效，7～8月采集全草，鲜用或晒干。根可治跌打、蛇咬、疔疮、瘰疬、

（c）
蓇葖果嫩时可食，老熟果壳瓢状；种毛绢质
萝藦

阳痿等病症。茎、叶可治小儿疳积、疔肿等病症。果实可治劳伤、虚弱、腰腿疼痛、缺奶、白带、咳嗽等病症，果壳中药称作"天浆壳"。种毛可止血。乳汁可除瘊子，亦可治一些皮肤病。

工业：茎皮纤维坚韧，可用于制人造棉或造纸。

绿化：作为一种藤蔓植物，具有很强的可塑性，可作地栽植物用于布置庭院，是矮墙、花廊、篱栅等处良好的垂直绿化材料。

51. 杠柳 *Periploca sepium* Bunge

【别名】

狭叶萝藦、羊奶条、北五加皮、羊奶子、羊角条、羊角桃、狗奶子。

【分类地位】

双子叶植物，萝藦科，杠柳属。

【形态特征】

落叶蔓性灌木，高可达1.5m。主根圆柱状，外皮灰棕色，内皮浅黄色。茎灰褐色，具乳汁，除花外，全株无毛，小枝对生，有细条纹和皮孔。单叶对生；叶片卵状长圆形，长5～9cm，宽1.5～2.5cm，叶尖渐尖，叶基楔形，全缘，上表面深绿色，下表面淡绿色；中脉与叶背微凸，侧脉纤细，每边20～25条；叶柄长约3mm。

聚伞花序腋生，花序梗和花梗柔弱。花萼5裂，裂片呈卵圆形，长3mm，宽2mm，尖端钝形，花萼内侧下部有10个小腺体。花辐状，张开直径1.5cm；花冠筒短，约长3mm；花冠紫红色，5裂，裂片长圆状披针形，长8mm，宽4mm，中间加厚呈纺锤形，反折，内面着生长柔毛，外面无毛；副花冠环状，10裂，其中5裂延伸为丝状，着生短柔毛，顶端向内弯。雄蕊5枚，着生在副花冠内

(a)

圆柱状蓇葖果双生，长宽比例（14～24）：1

(b)

直立茎灰褐色；卵状长圆形叶全缘，叶脉明显

(c)

紫红色花冠反折；副花冠丝状内弯

杠柳

侧，并与其合生，花药彼此粘连并包围着柱头，背面着生长柔毛。雌蕊子房上位，无毛，心皮离生，每心皮有胚珠多个，柱头盘状凸起；花粉器呈匙形，四合花粉藏在载粉器内，粘盘粘连在柱头上。蓇葖果双生，圆柱状，长7～12cm，直径约5mm，无毛，有纵条纹。种子长圆形，长约7mm，宽约1mm，黑褐色，顶端着生白色绢质种毛；种毛长约3cm。花期5～6月，果期7～9月。

注：按最新的分类研究，将杠柳划入夹竹桃科植物。

【生长环境】

常生于平原及低山丘的丛林边缘、沟坡、河边沙质地或地埂等处。

【应用】

食用：我国北方以杠柳的根皮，称"北五加皮"，用于浸酒，功用与五加皮略似，但有毒，不宜过量和久服，以免中毒。

药用：根皮、茎皮可入药，有祛风湿、壮筋骨、强腰膝的功效；可用于治疗风湿关节炎、筋骨痛等症。

工业：杠柳根皮可做杀虫药。种子可以榨油，下部叶片乳汁含有弹性橡胶。当年萌发的新枝条，可作为较好的薪炭林。

绿化：杠柳根系发达，有较强的无性繁殖能力，抗旱性强，是一种极好的固沙植物。

52. 地梢瓜 *Cynanchum thesioides* (Freyn) K. Schum.

【别名】

野生雀瓢、羊角、羊不奶棵、小丝瓜、浮瓢棵、地瓜瓢、地梢花。

【分类地位】

双子叶植物，萝藦科，鹅绒藤属。

【形态特征】

多年生草本或半灌木，直立，高约20cm。地下茎单轴横生；茎直立或斜升，多分枝，密被柔毛，有白色乳汁。单叶对生或近对生，偶见轮生；叶片线形，长3～5cm，宽2～5mm，先端尖，基部稍狭，全缘，下面中脉明显隆起。

伞形聚伞花序腋生，偶见顶生，花小，黄白色。花萼5深裂，外面被柔毛；花冠钟形，长约5mm，5深裂，绿白色或黄白色；副花冠杯状或浅筒形，上部5裂，裂片呈三角状披针形，渐尖，与花冠裂片互生；雄蕊5，花丝短，花粉块长圆形，下垂；雌蕊2心皮分离，子房上位。蓇葖果纺锤形，长5～6cm，直径2cm，先端渐尖，中部膨大。种子暗褐色，扁平状，长约8mm；种毛白色，绢质，长2cm。花期5～8月，果期8～10月。

注：按最新的分类研究，将地梢瓜划入夹竹桃科植物。

【生长环境】

常生于山坡、沙丘、干旱山谷、

（a）

蓇葖果纺锤形，长宽比例（2.5～3）∶1

地梢瓜

(b)
茎多分枝；对生叶线形全缘

(c)
聚伞花序腋生，黄白色花冠钟形5深裂

地梢瓜

路旁、沟边、山坡草丛、荒地、田边等处。

【应用】

食用：幼嫩果实富含维生素，可食用。

药用：全草可入药，有清虚火、益气生津、下乳等功效，用于治疗气阴不足、咽喉肿痛、产后虚弱、乳汁不足、头昏失眠等症。

工业：全株含橡胶1.5%，树脂3.6%，可作工业原料。种毛可作填充料。

绿化：可作为荒坡、荒地治理前期植被。

53. 鹅绒藤 *Cynanchum chinense* R. Br.

【别名】

羊奶角角、牛皮消、软毛牛皮消、祖马花、趄姐姐叶、老牛肿、祖子花。

【分类地位】

双子叶植物，萝藦科，鹅绒藤属。

【形态特征】

缠绕性草本，全株被短柔毛，茎叶具白色乳汁。主根圆柱状，长约20cm，直径约5mm，干后灰黄色。茎自基部缠绕，缠绕于其他植物、物体或平铺地面生长。单叶对生；叶片薄纸质，宽三角状心形，长4～9cm，宽4～7cm，先端锐尖，基部心形，全缘；叶面深绿色，叶背苍白色，两面均被短柔毛，脉上较密；侧脉约10对，在叶背略隆起。

伞形聚伞花序腋生，两歧，着花20余朵，花两性，整齐。花萼5裂，外面被柔毛；合瓣花冠白色，5裂，裂片长圆状披针形；副花冠二形，杯状，上端裂成10个丝状体，分为两轮，外轮约与花冠裂片等长，内轮略短；雄蕊5格，花粉块每室1个，下垂；雌蕊1枚，子房上位，花柱头略突起，顶端2裂。蓇葖果双生或仅有1个发育，细圆柱状，向端部渐尖，长11cm，直径5mm。种子长圆形；顶端有长约4mm的白色绢质种毛。花期6～8月，果期8～10月。

注：按最新的分类研究，将鹅绒藤划入夹竹桃科植物。

【生长环境】

常生长于山坡向阳灌木丛中或路旁、河畔、田埂边等地。

【植物应用】

药用：鹅绒藤以根及乳汁入中药，有消积健胃、利水消肿、清热解毒的功效，可以治疗小儿感冒引起的鼻塞、流涕、打喷嚏、发热及干咳、少痰的症状，还可以治疗因尿路感染引起的尿频、尿急、尿痛以及肾炎引起的腰膝酸软、小便不利等症状，取鲜鹅绒藤茎内白色乳汁涂患处，可治疗寻常性疣赘（刺瘊）。

(a)

全株被短毛；茎自基部缠绕

(b)

植物具白乳汁；茎平铺地面生长；三角状
心形叶对生

(c)

伞形聚伞花序，花冠白色；蓇葖果细圆柱状；
种子具白绢毛

鹅绒藤

二十二、旋花科Convolvulaceae

54. 菟丝子 *Cuscuta chinensis* Lam.

【别名】

豆寄生、鸡血藤、金丝藤、菟丝实、龙须子、黄萝子、山麻子。

【分类地位】

双子叶植物，旋花科，菟丝子属。

【形态特征】

一年生寄生草本。缠绕茎，黄色，纤细，直径约1mm，无叶片。

花序侧生，花簇生成小伞形或小团伞花序；苞片小，呈鳞片状；花梗稍粗壮，长约1mm；花萼呈杯状，中部以下连合，裂片三角形，长约1.5mm，顶端钝形；壶形白色花冠，长约3mm，裂片三角状卵形，顶端锐尖或钝，向外反折，宿存；雄蕊着生于花冠裂片内部；鳞片长圆形，边缘长流苏状；子房近球形，花柱2枚，柱头呈球形。蒴果球形，直径约3mm，几乎全为宿存的花冠所包围，成熟时整齐地周裂。种子2～49个，淡褐色，卵形，长约1mm，表面粗糙。

【生长环境】

生长于田边、山坡向阳处、路边灌丛或海边沙丘，通常寄生

（a）

寄生草本；茎黄色纤细缠绕；无叶片

（b）

白色花冠壶形，雄蕊生于内部

（c）

小团伞花序；蒴果球形

菟丝子

于豆科、菊科、藜科等多种植物上。

【应用】

食用： 全株可用于泡茶、熬粥、泡酒，不可食用过多。

药用： 种子药用，味辛、甘，性平，有补肝肾、益精壮阳、止泻的功能，用于治疗各种原因引起的肾气不足、肾精不足，或由于肝肾阴虚出现的双目干涩、视物模糊等症。

注意： 菟丝子常为大豆产区的有害杂草，对胡麻、苎麻、花生、马铃薯等农作物也有危害。

55. 田旋花 *Convolvulus arvensis* L.

【别名】

田福花、燕子草、小旋花、三齿草藤、箭叶旋花、狗狗秧。

【分类地位】

双子叶植物，旋花科，旋花属。

【形态特征】

多年生草本，根状茎横生，茎平卧或缠绕，茎绿色无毛或着生疏柔毛，有条纹及棱角。叶互生，呈卵状长圆形至披针形，长1.5～5cm，宽1～3cm，长不超过宽的2倍，叶片先端钝形或有小短尖头，基部大多戟形、箭形及心形，叶片全缘或3裂，侧裂片微尖展开，中裂片呈卵状椭圆形、狭三角形或披针状长圆形，裂片微尖或近圆；叶柄较短，长1～2cm；羽状叶脉，基部掌状。

花单生叶腋，花梗长3～8cm，花柄长于花萼；苞片2片，呈线形，长约3mm；萼片被毛，长3.5～5mm，呈长圆状椭圆形，

（a）
茎平卧或缠绕；叶互生

（b）
叶基部戟形，长不超过宽的2倍

（c）
漏斗状花冠粉红色，雌蕊柱头2裂

田旋花

边缘被毛，内萼片近圆形、钝或稍凹，具小短尖头，边缘膜质；花冠白色或粉红色，宽漏斗形，长15～26mm，5浅裂；雄蕊5枚，不等长，花丝基部扩大，被小鳞毛；雌蕊稍长于雄蕊，子房有毛，2室，每室2枚胚珠，柱头2个，呈线形。蒴果呈卵状球形或圆锥形，无毛，长5～8mm。种子4个，卵圆形，无毛，长3～4mm，呈暗褐色或黑色。

【生长环境】

生于耕地、荒坡、草地、树下及花坛边缘。

【应用】

药用： 全草入药，有调经活血、滋阴补虚的功效。

工业： 全株营养丰富，可作家禽家畜饲料。

56. 圆叶牵牛 *Ipomoea purpurea* Lam.

【别名】

紫花牵牛、连簪簪、牵牛花、心叶牵牛、圆叶旋花、喇叭花。

【分类地位】

双子叶植物，旋花科，虎掌藤属。

【形态特征】

一年生缠绕草本，全株被毛。茎圆形，蔓生或缠绕，被倒向的短柔毛，杂有倒向或开展的长硬毛。单叶互生；叶圆心形或宽卵状心形，长4～18cm，宽3.5～16.5cm，叶基圆形或心形，叶尖锐尖、骤尖或渐尖，全缘，偶见3裂，叶片上下表面稀疏着生刚伏毛；叶柄长2～12cm，被毛与茎相同。

花单一或2～5朵着生于花序梗顶端呈伞形聚伞花序，腋生，花序梗比叶柄短或近等长，长4～12cm，被毛与茎相同。苞片呈线形，长6～7mm，被开展的长硬毛；花梗长1.2～1.5cm，被倒向短柔毛及长硬毛；萼片5枚，长1.1～1.6cm，覆瓦状排列，外侧3片长椭圆形或卵状披针形，先端渐尖，内侧2片线状披针形，萼片外面均被开展的硬毛，基部更密；花冠漏斗状，长4～6cm，紫红色、红色或白色，花冠管通常为白色，花瓣内侧颜色深，外侧颜色淡，顶端5浅裂；雄蕊与雌柱内藏；雄蕊5枚，不等长，花丝基部被柔毛，内藏；雌蕊1枚，子房上位，无毛，3室，每室2个胚珠，柱头头状，花柱内藏；花盘环状。蒴果近球形，直径9～10mm，3瓣裂。种子卵状三棱形，长约5mm，黑褐色或米黄色，被

（a）

蔓生缠绕茎被短柔毛

（b）

圆心形互生叶全缘；漏斗状花紫红色

（c）

外侧3萼片椭圆形，内侧2萼片线状披针形

圆叶牵牛

极短的糠秕状毛。花期7～9月，果期9～10月。

【生长环境】

常生于田边、路边、宅旁或山谷林内，栽培或沦为野生。

【应用】

药用：种子入药为牵牛子，具有利尿、消肿、泻水通便、消痰涤饮、杀虫攻积等功效，主治肢体水肿、二便不通、痰饮积聚、气逆喘咳、肾炎水肿、肝硬化腹水、便秘、虫积腹痛、蛔虫病、绦虫病等症。

绿化：圆叶牵牛花大，颜色鲜艳夺目，适应性极强，适宜园林中篱笆或墙边栽培观赏或家庭阳台垂直绿化，多用于庭院围墙垂直绿化以及高速道路护坡的绿化美化。

57. 牵牛 *Ipomoea nil* (Linnaeus) Roth

【分类地位别名】

裂叶牵牛、勤娘子、喇叭花、常春藤叶牵牛、筋角拉子、喇叭花子。

【分类地位】

双子叶植物，旋花科，虎掌藤属。

【形态特征】

一年生缠绕草本，长2～5m，全株被毛。缠绕茎，具乳汁，被倒向的短柔毛及杂有倒向或开展的长硬毛。单叶互生；叶片心状卵形、宽卵形或近圆形，长4～15cm，宽4.5～14cm，深或浅3裂，偶见5裂，中裂片呈长圆形或卵圆形，渐尖或骤尖，侧裂片三角形，裂口锐或圆，较短；叶基圆形或心形，先端急尖，全缘，叶面或疏或密被微硬的柔毛；叶柄长2～15cm，被毛与茎相同。

花单一或2朵着生于花序梗顶端，腋生，花序梗长短不一，长1.5～18.5cm，通常短于叶柄，有时较长，被毛与茎相同。苞片线形或叶状；花梗长2～7mm；小苞片呈线形；萼片5枚，披针状线形，近等长，长2～2.5cm，内面2片稍狭，外面被开展的刚毛，基部更密；花冠漏斗状，长5～8cm，蓝紫色或紫红色，花

(a)

蒴果近球形；黑褐色种子卵状三棱形

(b)

茎具乳汁；宽卵形叶三深裂全缘；漏斗状花蓝紫色

(c)

萼片披针状线形，花冠顶端5浅裂，雌雄蕊内藏

牵牛

冠管颜色变淡，顶端5浅裂；雄蕊5枚，不等长，内藏，花丝基部被柔毛；雌蕊1枚，子房上位，3室，无毛，柱头头状，花柱内藏。蒴果近球形，直径0.8～1.3cm，3瓣裂，基部有外层或反卷的宿萼。种子卵状三棱形，长约6mm，黑褐色或米黄色，被褐色短茸毛。花期6～9月，果期7～10月。

【生长环境】

常生于山坡灌丛、干燥河谷路边、园边宅旁、山地路边，亦有栽培。

【应用】

药用：种子为常用中药，有泻水利尿、逐痰、杀虫的功效，用于治疗水肿胀满、二便不通、痰饮积聚、气逆喘咳、虫积腹痛、蛔虫病、绦虫病等。

绿化：可用于园林美化观赏。

二十三、紫草科 Boraginaceae

58. 砂引草 *Tournefortia sibirica* L.

【别名】

碧竹子、翠蝴蝶、淡竹叶、羊担子、狗尿花、烟袋锅花、紫丹草。

【分类地位】

双子叶植物，紫草科，紫丹属。

【形态特征】

多年生草本，高10～30cm，根状茎细长。茎矮生多分枝，单一或数条丛生，直立或斜升，密生糙伏毛或白色长柔毛。单叶互生，呈披针形、倒披针形或长圆形，长1～5cm，宽6～10mm，叶片先端渐尖或钝形，基部楔形或圆形，上下表面密生糙伏毛或长柔毛，中脉明显，上面凹陷，下面凸起，侧脉不明显，无叶柄或近无叶柄。

伞房状聚伞花序顶生，直径1.5～4cm；萼片披针形，长3～4mm，被向上的白色糙伏毛；花冠黄白色，呈钟状，长1～1.3cm，裂片卵形或长圆形，向外弯曲，花冠筒较裂片长，外面密生向上的糙伏毛；花药长圆形，长2.5～3mm，先端呈短尖形，花丝极短，长约0.5mm，着生于花筒中部；子房无毛，长0.7～0.9mm，花柱细弱，长约0.5mm，柱头浅2裂，长0.7～0.8mm，下部环状膨大。核果，椭圆形或卵球形，长7～9mm，直径5～8mm，粗糙，密生伏毛，先端凹陷，成熟时分裂为2个各含2粒种子的分核。花

（a）

茎矮生多分枝；单叶互生

(b)

钟状花黄白色；卵球形核果密生伏毛

(c)

茎叶密生白毛；叶倒披针形

砂引草

期5～6月，果期7～8月。

【生长环境】

常生长于海滨沙地、干旱荒漠及山坡道旁。

【应用】

工业：植株含丰富的蛋白质和氨基酸，幼嫩茎叶可作牲畜饲料，干枯茎叶可作骆驼饲料。花香气浓郁，可提取其芳香油，还可作绿肥，是较好的固沙植物。

59. 东北鹤虱 *Lappula squarrosa* Dumort.

【别名】

鹤虱、北鹤虱、鹄虱、鬼虱、北鹤虱、窃衣子、破草子、赖毛子。

【分类地位】

双子叶植物，紫草科，鹤虱属。

【形态特征】

一年生或二年生草本。茎直立，高30～60cm，茎下部不分枝，中部以上多分枝，密被白色短糙毛。基生叶呈莲座状，长圆形或长圆状匙形，全缘，长2～7cm，宽3～8mm，先端钝，基部渐狭成长柄；茎生叶互生，较短而狭，披针形或线形，扁平或沿中肋纵折，先端尖，基部渐狭，无叶柄；所有叶两面密被有白色的长糙毛。

总状花序生于茎顶及分枝顶端，花期短，果期伸长，长10～17cm；苞片线形，较果实稍长，具伏糙毛；花梗短，果期伸长，长约3mm，直立而被毛；花萼5深裂，几达基部，裂片线形，急尖，有毛，花期长2～3mm，果期增大呈狭披针形，长约5mm，星状开展或反折；花冠天蓝色或淡蓝色，漏斗状至钟状，稍长于萼，长约3mm，檐部直径2～3mm，5裂，裂片长圆状卵形，喉部5个鳞片；雄蕊5枚，着生于花冠筒部，内藏，花丝短；雌蕊1枚，上位子房4裂，柱头扁球形。小坚果4枚，卵圆状，长3～4mm，背面狭卵形或长圆状披针形，通常有颗粒状疣突，沿棱脊有2行近等长的钩状刺，内行刺长1.5～2mm，基部不连合，外行刺较内行刺稍短或近等长，通常直立，小坚果腹面通常具棘状突起或有小疣状突起；背部线龙骨状突起，上有或无钩状刺。花期4～8月，果期6～10月。

【生长环境】

常生于草地、山坡、田边、路旁、河岸及荒地上。

【应用】

药用：果实入药，有杀虫的功效，用于治疗虫积腹痛。

（a）

全株密生白柔毛；基生叶莲座状着生，茎生叶互生

（b）

总状花序顶生；小坚果有2行钩状刺

（c）

钟状花冠淡蓝色，喉部具5鳞片

东北鹤虱

60. 附地菜 *Trigonotis peduncularis* (Trev.) Benth. ex Baker et Moore

【别名】

鸡肠、鸡肠草、地胡椒、雀扑拉、黄瓜香、生瓜菜、野苜蓿。

【分类地位】

双子叶植物，紫草科，附地菜属。

【形态特征】

一年生或二年生草本。茎多条丛生，铺散生于地表，直立或斜升，高5～30cm，基部多分枝，着生短糙伏毛。基生叶呈莲座状，叶片椭圆形、卵圆形或匙形，长达2～5cm，宽约1.5cm，全缘，先端圆钝，基部渐狭，下延伸成叶柄，上下表面着生糙伏毛；茎下部叶与基生叶相似，中部以上的叶有短柄或无柄；茎生叶互生，椭圆形或卵圆形，全缘，与叶柄均着生糙伏毛。

总状花序生长于茎顶，幼时卷曲，后依次伸长，长5～20cm，通常占全茎的1/2～4/5，只在基部生有2～3个叶状苞片，被有短糙毛，其余部分无苞片；花梗短，花后伸长，长3～5mm，顶端与花萼连接部分变粗呈棒状；花萼长1～1.5mm，5深裂，裂片呈卵形或长圆状披针形，先端急尖；花冠淡蓝色或粉色，檐部直径1.5～2.5mm，5裂，裂片平展，呈倒卵形，先端圆钝，喉部具5个鳞片，白色或带黄色；雄蕊5

(a)

茎铺生地表；互生叶椭圆状全缘

(b)

花序顶生；茎叶着生短糙伏毛

(c)

淡蓝色花冠5裂，喉部具5个黄鳞片

附地菜

枚，内藏，花药为卵形，长0.3mm，先端具短尖。雌蕊1枚，子房上位，4裂。小坚果4枚，为斜三棱锥状四面体形，长0.8～1mm，有短毛或平滑无毛，背面三角状卵形，有3条锐棱，腹面凸起，短柄长约1mm，向一侧弯曲。花期4～7月，果期6～8月。

【生长环境】

常生于平原、丘陵草地、林缘、田间及荒地。

【应用】

食用：植株含有丰富蛋白质、碳水化合物、钙等营养成分，嫩叶可供食用。

药用：全草入药，有温中健胃、消肿止痛、止血的功效。可用于治疗胃痛、吐血、跌打损伤等症。

绿化：花朵蓝色醒目，地上覆盖度大，可作地被植物栽培。

二十四、唇形科 Lamiaceae

61. 益母草 *Leonurus japonicus* Houttuyn

【别名】

益母蒿、野天麻、玉米草、坤草、九重楼、云母草。

【分类地位】

双子叶植物，唇形科，益母草属。

【形态特征】

一年生或二年生草本，高30～120cm。主根上密生须根。茎直立，钝四棱形，微具槽，有倒向糙伏毛，节及棱上尤为密集，基部有时近于无毛；多分枝，或仅于茎中部以上有能育的枝条。基生叶早落，叶片略呈卵形，直径可达8cm，基部宽楔形，3～9浅裂，边缘具钝状锯齿，两面均密被柔毛；茎下部叶对生，花期脱落，叶片卵形，基部宽楔形，掌状3裂，裂片呈长圆状菱形至卵圆形，通常长2.5～6cm，宽1.5～4cm，裂片上再分裂，通常中部裂片再3裂，两侧裂片1～2小裂，叶表面绿色，有糙伏毛，叶脉稍下陷，背面淡绿色，被疏柔毛及腺点，叶脉突出，叶柄纤细，长2～3cm，由于叶基下延而在上部略具翅，腹面具槽，背面圆形，被糙伏毛；茎中部叶对生，叶片菱形，较小，通常分裂成3个或偶有多个长圆状线形的裂片，基部狭楔形，叶柄长0.5～2cm；花序最上部的苞叶近于无柄，线形或线状披针形，长3～12cm，宽2～8mm，全缘或具稀少牙齿。

（a）

基生叶卵形3浅裂，茎生叶掌状3裂

轮伞花序腋生，圆球形，径2～2.5cm，具8～15朵花，多数远离而组成长穗状花序；花无柄，小苞片刺状，比萼筒短，长3～5mm，向上伸出，基部略弯曲，有贴生的微柔毛；花萼管状钟形，长6～8mm，外面密被伏柔毛，内面于离基部1/3以上被微柔毛，具明显5脉，先端5齿，宽三角形，顶端刺尖，前2齿靠合，长约3mm，后3齿较短，等长，长约2mm；唇形花冠粉红至淡紫红色，长1～1.5cm，冠筒长

（b）

茎四棱；叶对生；粉红色唇形花轮生

益母草

约6mm，内部在离基部1/3处有近水平向的不明显鳞毛毛环，毛环在背面间断，其上部多少有鳞状毛，外部于伸出萼筒部分被柔毛，冠檐二唇形，上唇直伸，长圆形，长约7mm，宽4mm，全缘，内凹，里面无毛，边缘具纤毛，下唇略短于上唇，内面在基部疏被鳞状毛，3裂，中裂片倒心形，先端微缺，边缘薄膜质，基部收缩，侧裂片卵圆形，细小；雄蕊4，均延伸至上唇片之下，平行，前对较长，花丝丝状，扁平，中部具白色长柔毛，花药卵圆形，二室。雌蕊1枚，子房上位，4裂，褐色无毛，花柱丝状，略超出于雄蕊而与上唇片等长，无毛，先端相等2裂，裂片钻形；花盘平顶。小坚果4枚，长圆状三棱形，长2.5mm，先端截平而略宽大，基部楔形，光滑，淡褐色。花期6～9月，果期9～10月。

【生长环境】

常生长于山野荒地、河滩草丛中及溪边湿润处等各种环境，以向阳处较多。

【应用】

药用：全草入药，具有活血调经、利尿消肿、清热解毒之效，广泛用于治妇女闭经、痛经、月经不调、产后出血过多、恶露不尽、产后子宫收缩不全、胎动不安、子宫脱垂及赤白带下等症。果实名茺蔚子，能明目益精，可用于治疗肝热头痛、目赤肿痛、眼底出血、心烦等症。

62. 荔枝草 *Salvia plebeia* R. Br.

【别名】

小花鼠尾草、蛤蟆草、猪婆草、凤眼草、野芝麻、沟香薷、麻麻草。

【分类地位】

双子叶植物，唇形科，鼠尾草属。

【形态特征】

一年生或二年生草本，高15～90cm。主根肥厚，向下直伸，有多数须根。茎直立粗壮，方形，有槽，多分枝，被有下向的灰白色短柔毛。单叶对生，叶片椭圆状卵圆形或椭圆状披针形，长3～7cm，宽1～2.8cm，先端钝或急尖，基部圆形或楔形，边缘具圆形锯齿或牙齿，草质，两面被硬毛及黄褐色腺点，背面毛较疏；叶柄长0.5～3cm，腹凹背凸，密被短柔毛。

轮伞花序密集组成总状或总状圆锥花序，长10～25cm，顶生或腋生；每轮具花3～6朵，苞片细小披针形，长于或短于花萼，先端渐尖，基部渐狭，全缘，两面被疏柔毛，下面较密，边缘具缘毛；花梗长约1mm，与花序轴密被疏柔毛；花萼钟状，长2.5～3cm，外面被疏柔毛，脉间散布黄褐色腺点，内面喉部有微柔毛，先端二唇形，唇裂约至花萼长1/3，上唇全缘，有5条脉纹，中间3条粗大明显，直至前端成3个小尖头，沿脉纹外面有龙骨状突，下唇深裂成2齿，齿三角形，顶端急尖，具6条脉纹；花冠唇形，淡紫色、淡红色、紫色、蓝紫至蓝色，稀白色，长4.5mm，冠筒外面无毛，内面中部有毛环，上唇长圆形，长约1.8mm，宽1mm，先端微凹，外面密被微柔毛，两侧折合，下唇长约1.7mm，宽3mm，外面被微柔毛，3裂，中裂片大，倒心形，顶端微凹或呈浅波状，侧裂片近半圆形，外被柔毛。能育雄蕊2，着生于下唇基部，略伸出花冠外而盖于上唇之下，花丝与药隔近等长，约1.5mm，弯成弧形，上臂与下臂等长，上臂具花药，下臂不育，膨大花药1室，花盘前边延长；雌蕊1枚，子房上位，4全裂，花柱和花冠等长，先端不等2裂，前裂片较长。

（a）	（b）
茎四棱；对生叶椭圆状披针形	花序圆锥状，粉红色唇形花轮生

荔枝草

小坚果4枚，倒卵圆形，褐色，直径0.4mm，成熟时干燥、光滑、有腺点。花期5～7月，果期6～8月。

【生长环境】
生于林下、山坡、路旁、沟边、田野潮湿的土壤上。

【应用】
药用：荔枝草的全草入药，能清热、解毒、凉血、利尿，广泛用于跌打损伤、无名肿毒、流感、咽喉肿痛、支气管炎、小儿惊风、吐血、鼻衄、乳痈、淋巴腺炎、哮喘、腹水肿胀、肾炎水肿、疮疖痈肿、痔疮肿痛、子宫脱出、尿道炎、高血压及胃癌等症。

绿化：在园林绿化方面可作盆栽，用于花坛、花境和园林景点的布置，常见于小道、树林、湖畔、亭台楼榭旁。

63. 夏至草 *Lagopsis supina* (Stephan ex Willd.) Ikonn.-Gal.

【别名】
小益母草、灯笼棵、夏枯草、白花夏枯、白花益母、风轮草、风车草。

【分类地位】
双子叶植物，唇形科，夏至草属。

【形态特征】
多年生草本，披散于地面或上升，主根白色圆锥形。茎四棱有沟槽，高15～35cm，带紫红色，密被柔毛，常在基部分枝。叶对生，叶长宽1.5～2cm，上下表面均为绿色，叶片先端圆形，基部心形，3深裂，裂片有圆齿或长圆形犬齿，有时叶片为卵圆形，3浅裂或深裂，裂片无齿或有稀疏圆齿，上表面疏生微柔毛，下表面沿脉上被长柔毛，分布腺点，3～5出掌状叶脉；叶柄长，植株下部叶片叶柄长2～3cm，上部叶柄较短，约1cm，形状扁平，上面有较浅沟槽。

轮伞花序，径约1cm，枝条上部着生密集，在下部着生疏松；小苞片长约4mm，稍短于萼筒，弯曲，刺状，密被微柔毛。花萼管状钟形，长约4mm，外部密被微柔毛，内面无毛，5出脉，凸出，5枚明显尖齿，其中2齿稍大，长1～1.5mm，三角形，先端刺尖，边缘有细纤毛，在果时明显展开。花冠白色，少数粉红色，稍伸出于萼筒，长约7mm，外面被绵状长柔毛，内面被微柔毛，在花丝基部有短柔毛；冠筒长约5mm，径约1.5mm；冠檐二唇形，上唇直伸，比下唇长，长圆形，全缘，下唇斜展，3浅裂，中裂片扁圆形，2侧裂片椭圆形。雄蕊4枚，着生于冠筒中部稍下，不伸出，后对较短；花药卵圆形，2室。花柱先端2浅裂。花盘平顶。小坚果长卵形，长约1.5mm，褐色，有鳞秕。花期3～4月，果期5～6月。

(a)

茎四棱；叶对生

(b)

叶片3深裂，裂片有圆齿

【生长环境】

生于草地、路旁、田边，为北方常见杂草之一。

【应用】

食用：具有一定毒性，不可烹调食用。

药用：夏至草又称为小益母草，全草可入药，味辛、微苦，性寒，有小毒。有活血、调经功效。可治贫血性头昏、半身不遂、月经不调等症。

绿化：夏至草可作为花坛镶边和花境布置材料。

(c)

轮伞花序，唇形花白色，花萼管状钟形

夏至草

64. 沙滩黄芩 *Scutellaria strigillosa* Hemsl.

【别名】

瓜子兰。

【分类地位】

双子叶植物，唇形科，黄芩属。

【形态特征】

多年生草本；根茎极长，横行或斜行，在节上生须根及匍枝。茎直立或稍弯，不分枝或多自基部分枝，高8～24(35)cm，基部粗1～1.8mm，四棱形，具小条纹，疏被上曲的糙毛状短柔毛至长硬毛，在棱及节上稍密，常带紫色小条纹，矮小的茎中部节间长6～8mm，但高大的茎中部节间长2～3cm。对生叶大多具短柄，茎中部以上者长1～2mm，下部者长5～6.5mm，腹凹背凸，被近伸展的长硬毛；叶片多为椭圆形，稀狭椭圆形，长1～2(2.5)cm，宽0.3～1.3(1.5)cm，先端钝或圆形，基部浅心形或近截形，边缘有钝的浅牙齿，有时为锯齿，有时近全缘，薄纸质，两面密被紧贴的糙毛状长硬毛，下面密生凹点，侧脉4～5对，与中脉在上面凹陷下面凸起。

花单生于茎或分枝上部的叶腋中；花梗长2.5～3.5(5)mm，密被紧贴的短柔毛，向基部1/4处有1对长约1mm的针状小苞片。花萼开花时长3～3.5mm，外密被糙毛状长硬毛，后片小，不明显，高不及1mm，果时花萼长6mm，盾片高1.5mm。花冠紫色，长1.6～1.8

(a)

野生于沙滩；四棱形茎被短毛

(b)

根茎长，横行；对生叶椭圆形

(c)

唇形花紫色，上唇盔状，下唇三裂

沙滩黄芩

（2.4）cm，外面被具腺短柔毛，内面无毛；冠筒基部微囊状膨大，宽1.5（2.5）mm，向上渐宽，至喉部宽达5（6）mm；冠檐2唇形，上唇盔状，先端微缺，下唇3裂，中裂片长过上唇，宽卵圆形，先端微缺，最宽处8mm，2侧裂片短过上唇，狭卵圆形，先端近截平。雄蕊4，前对较长，具能育半药，退化半药不明显，后对较短，具全药，药室裂口具髯毛；花丝扁平，前对内侧、后对两侧下部具小疏柔毛。雌蕊1枚，子房上位，4裂，裂片等大；花柱丝状，先端锐尖，微裂；花盘环状，前方隆起，后方延伸成短粗的子房柄。小坚果黄褐色，近圆球形，径1.25mm，密生钝顶的瘤状突起，腹面中部稍下具果脐。花期5～8月，果期7～10月。

【生长环境】

野生于海边沙地上。

【应用】

黄芩属植物多具清热燥湿、泻火解毒的功效，针对沙滩黄芩的应用目前没有发现具体报道。

二十五、茄科 Solanaceae

65. 假酸浆 *Nicandra physalodes* (L.) Gaertn.

【别名】

水晶凉粉、蓝花、蓝花天仙子、鞭打绣球、草本酸木瓜、苦莪。

【分类地位】

双子叶植物，茄科，假酸浆属。

【形态特征】

一年生草本植物。茎直立，多分枝，有棱条，无毛，高0.4～1.5m，上部呈交互不等的二歧分枝。叶互生，叶片卵形或椭圆形，草质，长4～12cm，宽2～8cm，顶端急尖或短渐尖，基部楔形，边缘有具圆缺的粗齿或浅裂，叶片两面有稀疏毛；叶柄长度约为叶片长的1/4～1/3。

花单生于枝腋而与叶对生，通常具较叶柄长的花梗，俯垂；花萼5深裂，裂片顶端尖锐，基部心脏状箭形，有2尖锐的耳片，果期包围果实，直径2.5～4cm；花冠钟状，浅蓝色，直径达4cm，檐部有折襞，5浅裂，裂片基部有5个蓝色斑点。雄蕊5枚，着生于花冠筒上，与裂片互生，花药2室，黄色。雌蕊1枚，子房上位。浆果球状，直径1.5～2cm，成熟时黄色。种子淡褐色，直径约1mm。花期6～8月，果期8～9月。

【生长环境】

喜温湿环境，常野生于田边、荒地、屋园周围、篱笆边或住宅区向阳区域。

【应用】

食用：长时间用水浸泡假酸浆种子，过滤，加适量凝固剂，可制成晶莹剔透、口感凉滑的凉粉，也称冰粉，是一种消炎利尿、消暑解渴的夏季保健食品。

药用：全草药用，有镇静、祛痰、清热解毒之效，可治疗咳嗽、疹气、疥癣、狂犬病、精神病、癫痫、风湿痛、疮疖、感冒等症。种子入药，名为假酸浆籽，有清热退火、利尿、祛风、消炎等功效，可治疗发烧、风湿性关节炎、疮痈肿痛等症。花入药，名为假酸浆花，有祛风、消炎之效，可治鼻渊。

绿化：假酸浆是较高的草本植物，叶片绿色，花朵浅蓝色，清香幽雅，夏季开花正是露地花卉的开花淡季，可在庭园点缀栽培观赏。

（a）

浆果球状，熟时黄色

（b）

椭圆形叶具粗齿缘；浅蓝色钟状花冠基部有5
个蓝斑

（c）

花萼裂片顶端尖锐；果成时外包花萼

假酸浆

66. 龙葵 *Solanum nigrum* L.

【别名】

黑星星、野海椒、野伞子、悠悠、黑天天、黑豆豆、天星星、苦葵。

【分类地位】

双子叶植物，茄科，茄属。

【形态特征】

一年生草本，高25～100cm。直根系。茎直立或下部偃卧，多分枝，无棱或棱不明显，绿色或紫色，近无毛或被微柔毛。单叶互生，叶片卵形或心形，长2.5～10cm，宽1.5～5.5cm，先端短尖，基部楔形至阔楔形而下延至叶柄，全缘或每边具不规则的波状粗齿，两面光滑或有稀疏短柔毛，叶脉每边5～6对，叶柄长1～2cm。

伞状聚伞花序（蝎尾状）腋外生，由3～10朵花组成，总花梗长1～2.5cm，小花梗长约5mm，近无毛或具短柔毛；花萼小，浅杯状，直

（a）
互生叶卵形波状缘至全缘

（b）
聚伞花序腋外生，白色花冠反卷；成熟浆果紫黑色

（c）
茎直立多分枝

龙葵

径为 1.5 ～ 2mm，5 齿裂，齿卵圆形，先端圆，基部两齿间连接处成角度；花冠辐状，白色，筒部隐于萼内，长不及 1mm，冠檐长约 2.5mm，5 深裂，裂片卵圆形或卵状三角形，长为 2 ～ 3mm，反卷；雄蕊 5 枚，着生花冠筒喉部，花丝短、分离，内面有细柔毛，花药黄色，长约 1.2mm，约为花丝长度的 4 倍，顶孔向内；雌蕊 1 枚，子房上位，卵形，直径约 0.5mm，花柱长约 1.5mm，中部以下被白色茸毛，柱头小，头状。浆果球形，直径约 8mm，有光泽，成熟时紫红色或黑色。种子多数，近卵形，直径 1 ～ 2.5mm，两侧压扁。花期 6 ～ 7 月，果期 7 ～ 9 月。

【生长环境】

喜欢生长在田边、荒地及村庄附近。

【应用】

药用： 全株入药，可清热、解毒、活血、消肿，能治疔疮、痈肿、丹毒、跌打扭伤、慢性气管炎、急性肾炎，用于疮痈肿毒、皮肤湿疹、小便不利、老年慢性气管炎、白带过多、前列腺炎、痢疾等。

67. 曼陀罗 *Datura stramonium* L.

【别名】

曼荼罗、醉心花、狗核桃、洋金花、枫茄花、大喇叭花、山茄子。

【分类地位】

双子叶植物，茄科，曼陀罗属。

【形态特征】

一年生直立草本半灌木状，高可达 1.5m，全株平滑或在幼嫩部分着生短柔毛，有臭气，全株有毒。茎圆柱状，淡绿色或带紫色，上部呈二叉分枝，下部木质化。单叶互生，叶片宽卵形或宽椭圆形，长 8 ～ 17cm，宽 4 ～ 12cm，顶端渐尖，基部不对称楔形，叶缘不规则波状浅裂，裂片顶端急尖，偶有波状齿，侧脉每侧 3 ～ 5 条，直达裂片顶端，脉上有疏短柔毛；叶柄长 3 ～ 5cm。

花单生枝分叉处或叶腋，直立，有短梗；花萼筒状，有 5 棱角，长 4 ～ 5cm，两棱间稍向内陷，基部稍膨大，顶端紧围花冠筒，5 浅裂，裂片呈三角形，宿存部分随果实增大并向外反折；花冠漏斗状，长 6 ～ 10cm，檐部直径 3 ～ 5cm，下部绿色或淡绿色，上部白色或淡紫色，檐部 5 浅裂，裂片有短尖头；雄蕊 5 枚，不伸出花冠，花丝长约 3cm，花药长约4mm；雌蕊1枚，子房上位，密生柔针毛，花柱长约6cm，柱头2浅裂。蒴果生长于直立向上的果梗上，卵形，长3～4.5cm，直径2～4cm，表面生有坚硬针刺或有时无刺而近平滑，成熟后为淡黄色，规则4瓣开裂。种子卵圆形，稍扁，长约4mm，黑色。花期6～10月，果期7～11月。

【生长环境】

常生于住宅旁、路边、河岸、山坡和荒草地上。

【应用】

食用： 全株有毒，不可食用。

药用： 根、叶、花、种子均可入药，有麻醉、镇痛、平喘、止咳的作用，用于治疗支气管哮喘、胃痛、牙痛、风湿痛和肺气肿引起的咳嗽、气喘、痰少等症。植株含莨菪碱，可用作抗胆碱药。

工业： 种子油脂可制肥皂及掺和油漆用。叶、花、种子可制作杀虫剂、杀菌剂，对蚜虫防治效果较好。

绿化： 花朵大而美，具有观赏价值，可用于花园、庭院栽培。

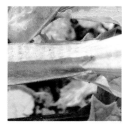

（a）

花萼筒状，漏斗状花冠上部淡紫色下部绿色

（b）　　　　　　　　　　　　　　（c）

圆柱状茎紫色；宽卵形叶边缘不规则浅裂　　　雌雄蕊不伸出花冠；蒴果有坚硬针刺；种子黑色

曼陀罗

68. 酸浆 *Alkekengi officinarum* Moench

【别名】

酸泡、挂金灯、灯笼草、菇茑、泡泡草、姑娘菜、红姑娘、红娘子。

【分类地位】

双子叶植物，茄科，酸浆属。

【形态特征】

多年生草本，具有根状茎和直立茎。根状茎匍匐生根。直立茎高约20～100cm，下部略带木质，分枝稀疏或不分枝，茎节略膨大，着生柔毛，以幼嫩部密生柔毛。单叶，茎下部互生、上部假对生；叶片卵形、长卵形、菱状卵形至阔卵形，长5～15cm，宽2～8cm，顶端渐尖，基部为不对称狭楔形、向下延伸至叶柄，全缘、波状齿或粗锯齿，两面被有柔毛；叶柄长1～3cm。

花单生叶腋。花梗长6～16mm，开花时直立，后向下弯曲，密生柔毛而果时也不脱落；花萼钟状至阔钟状，长约6mm，密生柔毛，5裂，萼齿呈三角形，边缘着生硬毛；辐状花冠白色，直径15～20mm，5裂，裂片开展，阔而短，顶端骤然狭窄成三角形尖头，外面有短柔毛，边缘有缘毛；雄蕊5枚，生于花冠基部；雌蕊1枚，子房上位，花柱2浅裂；雄蕊及花柱均短于花冠。果柄长为2～3cm，有柔毛；果萼卵状，长2.5～4cm，直径2～3.5cm，薄革质，网脉显著，有10纵肋，橙色或火红色，宿存，顶端闭合，基部凹陷；浆果球状，橙红色，直径10～15mm，柔软多汁。种子肾形，淡黄色，长约2mm。花期5～9月，果期6～10月。

【生长环境】

常生长于村边、路旁、空旷荒地或山坡。亦有栽培者。

（a）

长卵形叶具波状齿缘；宿存花萼橙红色

(b)	(c)
白色花单生叶腋，辐状花冠5裂	球状浆果橙红色；肾形种子淡黄色

酸浆

【应用】

食用： 果实富含维生素、钙、氨基酸等营养成分，可生食、糖渍、醋渍或做果酱。

药用： 全草入药，有清热、利咽、化痰、利尿的功效，可用于治疗骨蒸劳热、咳嗽、咽喉肿痛、黄疸、水肿、天泡湿疮等症。

工业： 全株可用于配制杀虫剂。

绿化： 植株长势强，繁殖快，具有观赏性，常做切花或园林、庭院、花坛栽培。

二十六、玄参科 Scrophulariaceae

69. 通泉草 *Mazus pumilus* (N.L.Burman) Steenis

【别名】

脓泡药、汤湿草、猪胡椒、野田菜、鹅肠草、绿蓝花、五瓣梅。

【分类地位】

双子叶植物，玄参科，通泉草属。

【形态特征】

一年生草本，植株低矮，高3～30cm，无毛或疏生短柔毛。主根长，须根纤细发达。茎多种分枝，常见1～5枝或有时更多，直立或倾卧状向上生长，近地节上生根。基生叶为莲座状或早落，呈倒卵状匙形至卵状倒披针形，膜质至薄纸质，长2～6cm，叶尖全缘或有不明显的稀疏锯齿，叶基楔形，向下延成带翅叶柄，叶片边缘有不规则粗齿或叶基有1～2片浅羽裂；茎生叶对生或互生。

茎、枝顶端着生总状花序，常在近地处生花，伸长或上部成束状，通常3～20朵，花稀疏；花梗在果期长可达10mm；花萼为钟状，花期花萼长约6mm，果期增大，萼片与萼筒等长，卵形，先端急尖，脉络不明显；花冠白色、紫色或蓝色，长约10mm，上唇裂片呈卵状三角形，下唇中裂片较小，稍突出，呈倒卵圆形；子房无毛。蒴果球形；种子小而多，黄色，种皮上有不规则的网纹。花期3～4月，果期4～6月。

注：按最新的分类研究，将通泉草划入通泉草科植物。

【生长环境】

常生于湿润的草坡、沟边、路旁及林边。

【应用】

药用：全草入药，有止痛、健胃、解毒的功能，用于治疗偏头痛、消化不良、疔疮、烫伤等症。

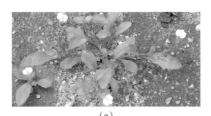

（a）

基生叶倒卵状匙形，茎生叶对生或互生

（b）

茎倾卧多分枝；叶粗齿缘；花紫色或蓝色

（c）

总状花序花唇形，上唇裂片三角形，下唇中裂片突出

通泉草

70. 地黄 *Rehmannia glutinosa* (Gaert.) Libosch. ex Fisch. et Mey.

【别名】

野地黄、酒壶花、山烟根、鲜地黄、干地黄、黄地根、小鸡喝酒。

【分类地位】

双子叶植物，玄参科，地黄属。

【形态特征】

多年生草本，株高10～30cm，全株密被灰白色长柔毛和腺毛。根茎肉质肥厚（野生较细），鲜时黄色，栽培条件下，直径可达5.5cm。茎直立，紫红色。叶多在茎基部莲座状着生，叶片卵形、卵状披针形至长椭圆形，长2～13cm，宽1～6cm，边缘具不规则圆齿或钝锯齿以至牙齿，上面绿色，下面略带紫色或呈紫红色，叶脉在上面凹陷，下面隆起；叶基部渐狭成柄，柄长1～2cm。茎生叶互生，形状与基生叶相似，比基生叶小，无柄。

（a）

根茎肉质肥厚（野生较细），鲜时黄色

（b）

直立茎紫红色；基部叶卵状披针形，叶脉表凸背凹

（c）

全株被毛；钟状花萼5齿裂，紫红色唇形花冠裂片反曲

地黄

总状花序茎顶部排列，或几乎全部单生叶腋而分散在茎上，也有自茎基部生花的。花梗长0.5～3cm，细弱，弯曲而后上升，花斜生微下垂。苞片下部大上部小。花萼钟状或坛状，萼长1～1.5cm，密被多细胞长柔毛和白色长毛，具10条隆起的脉；萼齿5枚，矩圆状披针形或卵状披针形抑或多少三角形，长0.5～0.6cm，宽0.2～0.3cm，反折，后面一枚较长，被有柔毛或白色长毛。唇形花冠长3～4.5cm，花冠筒状而弯曲，被长柔毛；花冠上唇裂片反曲，下唇裂片3裂，直伸，先端钝或微凹，长5～7mm，宽4～10mm，内面黄紫色，外面紫红色，两面均被多细胞长柔毛。雄蕊4枚，药室矩圆形，长2.5mm，宽1.5mm，基部叉开，而使两药室常排成一直线。雌蕊1枚，子房上位；幼时2室，成熟后因隔膜撕裂而成一室，无毛；花柱顶部扩大成2枚片状柱头。蒴果卵形至长卵形，长1～1.5cm。花期4～5月，果期5～9月。

注：按最新的分类研究，将地黄划入列当科植物。

【生长环境】

常生于荒山坡、山脚、墙边、路旁等阳光充足之处。

【应用】

药用：地黄性凉，味甘苦，具有滋阴补肾、养血补血、凉血、强心利尿、解热消炎、促进血液凝固和降低血糖的作用，地黄炮制后有鲜地黄、干地黄和熟地黄之分。鲜地黄清热生津、凉血、止血，常用于治疗热病伤阴、舌绛烦渴、发斑发疹、吐血、衄血、咽喉肿痛。生地黄清热凉血、养阴、生津，常用于治疗热病舌绛烦渴、阴虚内热、骨蒸劳热、内热消渴、吐血、衄血、发斑发疹。

71. 山罗花 *Melampyrum roseum* Maxim.

【别名】

球锈草、西南黄芩、红花山萝花、宽叶山萝花、米乐干那、野苏麻。

【分类地位】

双子叶植物，玄参科，山罗花属。

【形态特征】

一年生草本，高15～80cm，全株疏被鳞片状短毛。茎直立，多分枝，近于四棱形，有时茎上有两列多细胞柔毛。单叶对生；叶片披针形至卵状披针形，长2～8cm，宽0.8～3cm，顶端渐尖，基部楔形或近圆形，全缘；叶柄长约5mm。

总状花序顶生。下部苞叶与叶同形，向上逐渐变小，仅基部具尖齿至整个边缘具多条刺毛状长齿，较少几乎全缘的，先端急尖或长渐尖，绿色或紫红色。花萼钟状，长约4mm，常被糙毛，脉上常生多细胞柔毛；5齿裂，萼齿长三角形至钻状三角形，生有短睫毛。花冠二唇形，紫色、紫红色或红色，长15～20mm，筒部长为檐部长的2倍左右；上唇头盔状，2齿裂，裂片卷曲，内面和边缘密被须毛；下唇3齿裂，基部有2个隆起体。雄蕊4枚，2强，两两对生，药室长而尾尖。雌蕊1枚，子房上位，花柱顶生。蒴果长卵形，长8～10mm，直或顶端稍向前偏，室背2裂，被鳞片状毛，少无毛。种子黑色，长3mm。花期7～9月，果期8～10月。

注：按最新的分类研究，将山罗花划入列当科植物。

【生长环境】

常生长于疏林下、山坡灌丛、林缘草地及高草丛中。

【应用】

药用：全草入药，有清热解毒的效果，能够改善局部疼痛或者肿胀等症状，对炎症感染引起的局部疮毒等治疗效果比较明显，常用于治疗肠痈、肺痈、疮毒、疖肿、疮疡等症。

（a）

茎多分枝；卵状披针形叶全缘；总状花序

（b）

四棱形茎被鳞片状毛；叶对生；花紫红色

（c）

钟状花萼5齿裂，二唇形花冠上唇基部有2个隆起体

山罗花

二十七、车前科 Plantaginaceae

72. 平车前 *Plantago depressa* Willd.

【别名】

车前草、车串串、小车前、车茶草、蛤蟆叶。

【分类地位】

双子叶植物，车前科，车前属。

【形态特征】

一年生或二年生草本。直根长，侧根多数，多少肉质。根茎短。叶基生呈莲座状，平卧、斜展或直立；叶片纸质，椭圆形、椭圆状披针形或卵状披针形，长3～12cm，宽1～3.5cm，叶片先端急尖或微钝，边缘具浅波状钝齿、不规则锯齿或牙齿，基部宽楔形至狭楔形，下延至叶柄，叶脉5～7条，上表面略凹陷，叶片背面明显隆起，叶片被白色短柔毛；叶柄长2～6cm，基部扩大成鞘状。

花序3～10个；花序梗长5～18cm，有纵条纹，稀疏着生白色短柔毛；花序穗状呈细圆柱形，上部花序密集，基部常间断，长6～12cm；苞片三角状卵形，长2～3.5mm，内凹，无毛，龙骨突宽厚，宽于两侧苞片，不延至或延至顶端。花萼长2～2.5mm，无毛，龙骨突宽厚，不延至顶端，前对萼片狭倒卵状椭圆形至宽椭圆形，后对萼片倒卵状椭圆形至宽椭圆形。花冠白色，无毛，冠筒等长或略长于萼片，裂片极小，椭圆形或卵形，长0.5～1mm，于花后反折。雄蕊着生于冠筒内面近顶端，同花柱明显外伸，花药卵状椭圆形或宽椭圆形，长0.6～1.1mm，先端具宽三角状小突起，新鲜时白色或绿白色，干后变淡褐色。胚珠5枚。蒴果卵状椭圆形至圆锥状卵形，长4～5mm，于基部上方周裂。种子4～5个，椭圆形，腹面平坦，长1.2～1.8mm，黄褐色至黑色；子叶背腹向排列。花期5～7月，果期7～9月。

【生长环境】

生长于草地、河滩、沟边、草甸、田间及路旁。

【应用】

食用：全株可食用，也可晒干泡水，还可作为饮料进行研制和开发。

(a)

穗状花序；蒴果椭圆形

(b)

基生叶莲座状，椭圆形叶片浅波齿缘

(c)

直根系侧根多数，根茎短

平车前

药用：种子入药，有利水清热、止泻、明目之效。可治疗淋病尿闭、暑湿泄泻、目赤肿痛、痰多咳嗽、视物昏花。

工业：可作为牲畜的上好饲料，可用于退耕还林地的林药套种。

绿化：平车前穗状花序，花密，美观，可用于布置生态野趣园或盆栽观赏。

73. 车前 *Plantago asiatica* L.

【别名】

车轮草、猪耳草、猪耳朵胡子、牛耳朵草、车轱辘菜、蛤蟆草。

【分类地位】

双子叶植物，车前科，车前属。

【形态特征】

二年生或多年生草本。须根系，根茎粗且短。叶基生，呈莲座状、平卧、斜展或直立；叶片薄纸质或纸质，呈宽卵形至宽椭圆形，长4～12cm，宽2.5～6.5cm，叶片先端钝圆至急尖，上部叶缘波状、全缘，中部以下有叶缘锯齿、牙齿或裂齿，基部宽楔形或近圆形，上下叶片疏生短柔毛；叶脉5～7条；叶柄长2～15cm，基部扩大成鞘，疏生短柔毛。

(a)

穗状花序细圆柱状；蒴果纺锤状卵形

花序3～10个，直立或弯曲向上生长；花序梗长5～30cm，有纵条纹，疏生白色短柔毛；穗状花序细圆柱状，长3～40cm，下部花序生长稀疏；苞片呈狭卵状三角形或三角状披针形，长2～3mm，龙骨突宽厚，无毛或少数先端疏生短毛。花梗短；花萼长2～3mm，萼片先端钝圆或钝尖，前对萼片呈椭圆形，龙骨突较宽，两侧萼片不对称，后对萼片宽倒卵状椭圆形或宽倒卵形。花冠白色，无毛，冠筒与萼片长度相近，裂片狭三角形，长约1.5mm，先端渐尖或急尖，具有明显的中脉，于花后反折。雄蕊着生于冠筒内侧基部，花柱明显外伸，花药卵状椭圆形，长1～1.2mm，顶端有宽三角形突起，白色，干后变淡褐色。胚珠7～15。蒴果纺锤状卵形、卵

(b)

基生叶呈莲座状着生，宽卵形叶具波状缘

(c)

须根系，根茎粗短

车前

球形或圆锥状卵形，长3～4.5mm，于基部上方周裂。种子5～6个，卵状椭圆形或椭圆形，长1.5～2mm，有角，黑褐色至黑色，背腹面微隆起，子叶背腹向排列。花期4～8月，果期6～9月。

【生长环境】

生于草地、沟边、河岸湿地、田边、路旁或村边空旷处。

【应用】

食用：幼嫩茎、叶、根系均可食用或煮水饮用。

药用：有利水、清热、明目、祛痰功效。可用于治疗小便不通、淋浊、带下、尿血、暑湿泻痢、咳嗽多痰、湿痹、目赤障翳等症。

二十八、桔梗科 Campanulaceae

74. 桔梗 *Platycodon grandiflorus* (Jacq.) A.DC.

【别名】

包袱花、铃铛花、僧帽花、苦梗、土人参、白药、六角荷、苦菜根。

【分类地位】

双子叶植物，桔梗科，桔梗属。

【形态特征】

多年生直立草本植物，株高 20～120cm，全株有白色乳汁。深根性，宿根肥大肉质，呈圆柱形（人参形），不分枝或少分枝，当年主根长可达15cm以上，皮淡黄白色。茎通常无毛，偶密被短毛，不分枝，极少上部分枝。叶全部轮生、部分轮生至全部互生，无柄或有极短的柄，叶片卵形、卵状椭圆形至披针形，长2～7cm，宽0.5～3.5cm，基部宽楔形至圆钝，顶端急尖，上面无毛而呈绿色，下面常无毛而有白粉，有时脉上有短毛或瘤突状毛，边缘具细锯齿。

花单朵顶生、数朵集成假总状花序，或有花序分枝而集成圆锥花序，含苞时如僧帽，开后铃状。花萼钟状，上部五裂，筒部半圆球状或圆球状倒锥形，被白粉，裂片三角形，或狭三角形，有时齿状；花冠宽漏斗状钟形，5裂，多为单

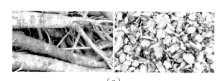

（a）

圆柱形根肥大肉质

（b）

卵状椭圆形叶具细锯齿缘；蒴果球形；种子黑色

（c）

钟形花蓝色，花苞如僧帽

桔梗

瓣，亦有重瓣和半重瓣的，长1.5～4.0cm，蓝色、紫色或白色；雄蕊5枚，离生，花丝基部扩大成片状，且在扩大部分生有毛；雌蕊1枚，子房半下位，5室，柱头5裂。蒴果球状，或球状倒圆锥形，或倒卵状，长1～2.5cm，直径约1cm，顶端室背5裂，裂片带隔膜。种子多数，黑色，一端斜截，一端急尖，侧面有一条棱。花期7～9月，果期8～10月。

【生长环境】

野生于山坡草丛之中，多有栽培者。

【应用】

食用：桔梗宿根肥大肉质，嫩根可供食用，腌渍成咸菜或做泡菜，鲜脆甜辣，是极好的佐餐小菜，亦可酿酒、制粉做糕点，种子可榨油食用。

药用：桔梗根可入药，有宣肺、祛痰、利咽、排脓、助消化的作用，可以治疗伤风、咳嗽痰多、胸闷不畅、咽喉肿痛、失声、痈肿吐脓、癃闭、便秘等。

绿化：桔梗花紫中带蓝，蓝中见紫，清心爽目，给人以宁静、幽雅、淡泊、舒适的享受，常用作切花或盆栽，园林中多用于布置花坛、宿根花境，点缀岩石园等。

75. 羊乳 *Codonopsis lanceolata* (Sieb. et Zucc.) Trautv.

【别名】

轮叶党参、山海螺、山地瓜、四叶参、羊奶参、白蟒肉、山胡萝卜、大头参。

【分类地位】

双子叶植物，桔梗科，党参属。

【形态特征】

多年蔓生草本，全株光滑无毛或茎叶偶疏生柔毛，内含白色乳汁液。根系呈肉质状且肥大，多为圆锥形或纺锤形，有少数细小侧根，主根长度为10～20cm，直径1～6cm，周围分生细小根须，表面灰黄色、淡紫色或淡黑褐色，近上部有稀疏环纹，而下部则疏生横长皮孔。茎基略近于圆锥状或圆柱状，表面有多数瘤状茎痕。茎缠绕，攀缘细长，常有多数短细分枝，无毛，黄绿而微带紫色，直径3～4mm，长可达1m。叶在主茎上互生，披针形或菱状狭卵形，细小，长0.8～1.4cm，宽3～7mm；在小枝顶端通常2～4叶簇生，而近于对生或轮生状，叶柄短小，长1～5mm，叶片菱状卵形、狭卵形或椭圆形，长 3 ～ 10cm，宽 1.5 ～ 4cm，顶端尖或钝，基部渐狭或楔形，全缘或稍有疏生的微波状齿，两面无毛，上面绿色，下面呈灰绿色，叶脉明显。

花单生或对生于小枝顶端；花梗长 1 ～ 9cm；花萼钟状，贴生至子房中部，筒部半球状，5 或 6 裂，裂片卵状三角形，长 1.3 ～ 3cm，宽 0.5 ～ 1cm，端尖，全缘，反卷，黄绿或紫色；花冠外面乳白色，内面深紫色，阔钟状，长 2 ～ 4cm，直径 2 ～ 3.5cm，5 或 6 浅裂，裂片三角状，长 0.5 ～ 1cm，先端反卷，有网状脉纹；花盘肉质，深绿色；雄蕊 5 或 6 枚，花丝与花药几等长，花丝钻状，基部微扩大，长 4 ～ 6mm，花药 3 ～ 5mm；雌蕊 1 枚，子房半下位，花柱短，柱头 3 裂。蒴果圆锥形，有宿萼，下部半球状，上部有喙，直径 2 ～ 2.5cm。果实成熟时顶端会开裂，内含较多淡褐色或棕色种子，种子较小，卵形，包裹着膜质翅。花期 7 ～ 8 月，果期 8 ～ 9 月。

【生长环境】

生于山地、疏松灌木丛下、山坡林缘、河谷、溪间、沟边阴湿地区或阔叶林内，民间多有栽培。

【应用】

食用：嫩茎叶和根均可食用，植物体内含多种人体必需的氨基酸、黄芩素葡萄糖苷、皂苷及微量生物碱、微量元素等，是及时补充人体所需维生素的良好食材。根肥大粗壮，肉质柔润，香气浓，甜味重，用于煲汤炖汤有滋补养阳的作用，亦可以炒食、烤食或腌渍咸菜。

药用：该种以根入药，味甘、辛，性平，有滋补强壮、补虚祛痰、通乳排脓、解毒疗疮等功效，主治身体虚弱、肺痈咯血、乳汁不足、乳腺炎、淋巴结核及各种痈疽肿毒、瘰疬、带下病、乳蛾等症。

（a）　　　　　　　　　　　　　　　　（b）

纺锤形根肉质肥大；菱状卵形叶全缘轮生　　　茎缠绕攀缘；钟状花冠反卷；蒴果有喙；种子有翅

羊乳

二十九、菊科 Asteraceae

76. 艾 *Artemisia argyi* Lévl. et Van.

【别名】

艾蒿、狼尾蒿、香艾、野蓬头、黄草、家艾、薪艾、灸草、甜艾。

【分类地位】

双子叶植物，菊科，蒿属。

【形态特征】

多年生草本，有浓烈香气。主根明显，略粗长，直径达1.5cm，侧根较多。直立茎单生，高80～150cm，有明显纵棱，褐色或灰黄褐色，近地部木质化，上部草质，有少数分枝，枝长3～5cm；茎、枝均着生灰色蛛丝状柔毛。叶厚纸质，上表面被灰白色短柔毛，分布白色腺点与小凹点，下表面密被灰白色蛛丝状密茸毛；基生叶柄长；近地部茎秆叶片呈圆形或宽卵形，羽状深裂，每侧有裂片2～3枚，裂片呈椭圆形或倒卵状长椭圆形，每裂片有2～3枚小裂齿，主、侧脉多为深褐色或锈色，叶柄长0.5～0.8cm；中部叶呈卵形、三角状卵形或近菱形，长5～8cm，宽4～7cm，羽状深裂至半裂，每侧裂片2～3枚，裂片呈卵形或披针形，长2.5～5cm，宽1.5～2cm，叶基

（a）
茎有明显纵棱及灰色柔毛

（b）
茎单生直立；宽卵形叶羽状深裂

（c）
头状花序排列成复总状，花序密生灰白绵毛

艾

百种常见野生植物图鉴

呈宽楔形渐狭成短柄，叶脉凸起，叶柄长0.2～0.5cm，叶基无假托叶或极小的假托叶。

头状花序于枝上部排列成复总状花序状，头状花序椭圆形，直径2.5～3mm，无梗；总苞片3～4层，外层总苞片小，草质，呈卵形或狭卵形，背面密生灰白色蛛丝状绵毛，边缘膜质；雌花6～10朵，花冠呈狭管状，檐部具2裂齿，紫色，花柱细长，伸出花冠外；花两性，8～12朵，花冠呈管状或高脚杯状，外面有腺点，檐部紫色，花药呈狭线形，花柱先端2叉，花后向外弯曲，呈叉端截形。瘦果长呈卵形或长圆形。花期7～9月，果期8～10月。

【生长环境】

常生于荒地、路旁、河边、山坡、草原等地。

【应用】

食用：嫩芽及幼苗可食用。

药用：全草入药，富含挥发油，有理气血、逐寒湿、温经、止血、安胎的功效。可用于治疗心腹冷痛、泄泻转筋、久痢、吐衄、下血、月经不调、崩漏、带下、胎动不安、痈疡、疥癣等症。

工业：艾叶晒干捣碎得艾绒，可制艾条供艾灸用，又可作印泥的原料。全草可作杀虫的农药或熏烟作房间消毒、杀虫药。

77. 尖裂假还阳参 *Crepidiastrum sonchifolium* (Maximowicz) Pak & Kawano

【别名】

抱茎苦荬菜、取麻菜、苣荬菜、苦碟子、黄瓜菜、苦荬菜、苦碟子、抱茎小苦荬。

【分类地位】

双子叶植物，菊科，假还阳参属。

【形态特征】

多年生草本，高15～60cm。根垂直，根状茎极短。茎直立单生，无毛。基生叶莲座状，呈匙形、长倒披针形或长椭圆形，叶缘锯齿状，叶尖呈圆形或急尖，顶裂片大，近圆形、椭圆形或卵状椭圆形；中下部茎叶呈长椭圆形、匙状椭圆形、倒披针形或披针形，与基生叶等大或较小，羽状浅裂或半裂，心形或耳状抱茎；上部叶呈心状披针形，叶缘全缘，极少有锯齿或尖锯齿，叶尖渐尖，叶基心形或圆耳状扩大抱茎；叶上下表面无毛。

头状花序，在茎枝顶端排列成伞房花序或伞房圆锥花序，舌状小花约17枚。总苞圆柱形，长5～6mm；总苞片3层，呈卵形或长卵形，长1～3mm，宽0.3～0.5mm，顶端急尖，内层呈长披针形，长5～6mm，宽1mm，顶端急尖，全部总苞片外面无毛；全为黄色舌状小花，舌片长7～8mm，先端5齿裂。瘦果黑色，纺锤形，长2mm，宽0.5mm，有10条高起的钝肋。花期7～9月，果期8～10月。

【生长环境】

常生于山坡、平原路旁、林下、河滩地、岩石上或庭院中。

【应用】

食用：嫩茎叶可焯水食用。

药用：全草入药，有清热解毒、凉血、活血的功效，广泛用于冠心病和心脑血管病的临床治疗，具有抗肿瘤活性成分。

工业：富含粗蛋白，可用作饲料。

绿化：可作春夏季观赏花、果地被景观。

（a）

黄色头状花序端排列成伞房状，总苞圆柱形

（b）   （c）

基生叶具锯齿状缘，近基部茎生叶羽状全裂   中部茎生叶耳状抱茎，上部茎生叶披针形全缘

尖裂假还阳参

78. 苍耳 *Xanthium strumarium* L.

【别名】

虱马头、苍耳子、老苍子、苍浪子、苍苍子、青棘子、苍子。

【分类地位】

双子叶植物，菊科，苍耳属。

【形态特征】

一年生草本，高20～90cm。根呈纺锤状。茎直立，分枝少，近地处圆柱形，直径4～10mm，上部有纵沟，着生灰白色糙伏毛。单叶互生，叶呈三角状卵形或心形，长4～9cm，宽5～10cm；叶缘全缘，或有3～5不明显浅裂，叶尖呈尖或钝形，叶基呈心形或截形，与叶柄连接处成相等的楔形，边缘有不规则的粗锯齿；三出叶脉，侧脉为弧形，直达叶缘，叶脉密生糙伏毛；叶片上表面绿色，下表面苍白色，密生糙伏毛；叶柄长3～11cm。

（a）

雌花序有钩状刺；瘦果成熟时钩状刺变硬

（b）

三角状卵形或心形叶片全缘

（c）

单性花雌雄同株，雄花序球形，雌花序椭圆状

苍耳

花单性，雌雄同株。雄花为头状花序，球形，直径4～6mm；总苞片呈长圆状披针形，长1～1.5mm，着生短柔毛；花托柱状，托片呈倒披针形，长约2mm，顶端尖，有微毛；花冠为钟形，管部上端有5宽裂片；花药长圆状线形。雌花为头状花序，椭圆形；外层总苞片小，披针形，长约3mm，被短柔毛；内层总苞片结合成囊状，宽卵形或椭圆形，绿色，淡黄绿色或有时带红褐色，在瘦果成熟时变坚硬，外面有稀疏着生的钩状刺，刺极细且直，基部微增粗或几不增粗，长1～1.5mm，基部密生柔毛，常有腺点；喙坚硬，锥形，上端略呈镰刀状，长1.5～2.5mm。瘦果2个，呈倒卵形。花期7～8月，果期9～10月。

【生长环境】

常生于平原、丘陵、荒野、路旁、田边、干旱山坡或沙质荒地。

【应用】

药用： 以根入药，用于治疗疗疮、痛疽、缠喉风、丹毒、高血压、痢疾等症。以种子入药，有散风、止痛、祛湿、杀虫的功效，用于治疗风寒头痛、鼻渊、齿痛、风寒湿痹、四肢挛痛、疥癣、瘙痒等症。

工业： 种子可榨油，苍耳子油与桐油的性质相仿，可掺和桐油制油漆，也可作油墨、肥皂、油毡的原料，又可制硬化油及润滑油。

注意： 植株有毒性，不可随意食用。

79. 婆婆针 *Bidens bipinnata* L.

【别名】

鬼针草、鬼钗草、一把针、刺儿鬼、跳虱草、跟人走、粘花衣。

【分类地位】

双子叶植物，菊科，鬼针草属。

【形态特征】

一年生草本，高30～120cm。茎直立，近地处茎四棱。单叶对生；叶柄长2～6cm，腹面有沟槽，槽内及边缘着生稀疏柔毛；叶片长5～14cm，二回羽状分裂，第一次分裂深达中肋，裂片再次羽状分裂，小裂片呈三角状或菱状披针形，有1～2对缺刻或深裂，顶生裂片狭长，叶尖渐尖，边缘呈稀疏不规整的粗齿状，叶片两面均着生疏柔毛。

头状花序直径6～10mm，花序梗长1～5cm。总苞呈杯形，两层，基部有柔毛；外层苞片5～7枚，条形，开花时长2.5mm，果时长达 5mm，草质，尖端钝形，密生短柔毛；内层苞片为膜质，椭圆形，长 3.5～4mm，花后伸长为狭披针形，在果时长 6～8mm，背面褐色，着生短柔毛，边缘黄色；托片呈狭披针形，长 5mm，果时长可达 12mm。周边舌状花通常 1～3 朵，不育，舌片黄色，呈椭圆形或倒卵状披针形，长 4～5mm，宽 2.5～3.2mm，尖端全缘或有 2～3 齿；中间黄色管状花筒状，长 4～5mm，冠檐 5 齿裂。瘦果条形，略扁，表面有 3～4 棱，长 12～18mm，宽约 1mm，有瘤状突起及小刚毛，顶端芒刺 3～4 枚，长 3～4mm，着生倒刺毛。花期 8～9 月，果期 10～11 月。

【生长环境】

常生于路边荒地、山坡及田间。

【应用】

食用：嫩茎叶焯水后可食用。

药用：全草入药，有清热解毒、散瘀活血的功效，用于治疗上呼吸道感染、咽喉肿痛、急性阑尾炎、急性黄疸型肝炎、胃肠炎、风湿关节疼痛、疟疾，外用治疮疖、毒蛇咬伤、跌打肿痛等症。

（a）

二回羽状分裂，菱状披针形小裂片具粗齿缘

（b）

头状花序，周边舌状花黄色不育，中间管状花筒状

（c）

瘦果条形有棱，顶端着生倒刺毛

婆婆针

80. 中华苦荬菜 *Ixeris chinensis* (Thunb.) Nakai.

【别名】

苦菜、山苦荬、小苦苣、苦麻子、曲曲菜、奶浆菜、黄鼠草、野苦菜。

【分类地位】

双子叶植物，菊科，苦荬菜属。

【形态特征】

多年生草本，高5～47cm，全株无毛，具白色乳汁。根垂直，不分枝。根状茎短缩。茎直立单生或少数簇生，基部直径1～3mm，上部伞房花序状分枝。基生叶莲座状着生，叶片长椭圆形、倒披针形、线形或舌形，长2.5～15cm，宽2～5.5cm；叶尖钝或急尖，向上渐窄，叶基渐狭成有翼叶柄，全缘或羽状浅裂、半裂或深裂，侧裂片2～7对，呈长三角形、线状三角形或线形。茎生叶互生，长披针形或长椭圆状披针形，不分裂，全缘，叶尖渐狭，叶基扩大，耳状抱茎或至少基部茎生叶耳状抱茎。

（a）
茎生叶长椭圆状，基部耳状抱茎

（b）
头状花序排成伞房状，舌状花黄色或白色

（c）
基生叶莲座状着生，叶片全缘或羽状分裂

中华苦荬菜

头状花序于茎枝顶端排列成伞房花序。总苞呈圆柱状，长8～9mm，总苞片两层，外层苞片宽卵形，长1.5mm，宽0.8mm，顶端急尖；内层呈长椭圆状倒披针形，长8～9mm，宽1～1.5mm，顶端急尖；全为舌状花，21～25枚，舌片长10～12mm，先端5齿裂，黄色、淡黄色或白色，干时带红色。瘦果褐色，呈长椭圆形，长2.2mm，宽0.3mm，有10条高起的钝肋，肋上着生小刺毛，顶端急尖成细喙，喙细，细丝状，长2.8mm。冠毛白色，微糙，长5mm。花期5～7月，果期6～8月。

【生长环境】

常生于山坡路旁、田野、河边灌丛或岩石缝隙中。

【应用】

食用：可食用，味苦。

药用：全草入药，有清热解毒、破瘀活血、排脓的功效，用于治疗肠炎痢疾、跌打损伤、疮疖肿痛等症。

绿化：可栽种用于点缀草坪。

81. 长裂苦苣菜 *Sonchus brachyotus* DC.

【别名】

苣荬菜、曲麻菜、苦苣荬、苦麻叶、苦卖菜、苣苣菜、苦麻子、苦葛麻。

【分类地位】

双子叶植物，菊科，苦苣菜属。

【形态特征】

　　一年生草本，高50～100cm，含乳汁。根垂直，须根多。茎直立，有纵条纹，上部有分枝，光滑无毛。基生叶与下部茎叶卵形、长椭圆形或倒披针形，长6～19cm，宽1.5～11cm；羽状深裂、半裂或浅裂，极少不裂，向下渐狭；侧裂片3～5对，对生、部分互生或偏斜互生，线状长椭圆形、长三角形或三角形；顶裂片呈披针形，全缘；基部呈圆耳状扩大，半抱茎；无叶柄或有长1～2cm的短翼柄。上部茎叶呈宽线形或宽线状披针形，叶片上下表面光滑无毛。基生叶莲座状着生，茎生叶互生。嫩株叶片不裂。

　　头状花序，少数在茎枝顶端排成伞房状。总苞钟状，长1.5～2cm，宽1～1.5cm；总苞片4～5层，最外层呈卵形，长6mm，宽3mm；中层呈长三角形至披针形，长9～13mm，宽2.5～3mm；内层呈长披针形，长1.5cm，宽2mm，全部总苞片顶端急尖、外面光滑无毛；全为舌状小花，舌片黄色。瘦果呈长椭圆状，褐色，稍扁，长约3mm，宽约1.5mm，每面有5条高起的纵肋，肋间有横皱纹。冠毛白色，纤细柔软，长1.2cm。花期5～7月，果期6～9月。

【生长环境】

常生于山地、草坡、荒地、河边或碱地。

【应用】

食用： 嫩茎叶可食用，微苦，常作野菜食用。

药用： 全草入药，有清热解毒、凉血利湿的功效，用于治疗急性咽炎、细菌性痢疾、痔疮肿痛等症。

（a）

嫩株；长椭圆形叶片不分裂

（b）

头状花序集成伞房状，舌状小花黄色

（c）

基生叶莲座状着生，茎生叶互生，叶片羽状深裂

长裂苦苣菜

82. 苦苣菜 *Sonchus oleraceus* L.

【别名】

野苦马、苦荬、苦马菜、空心苦、滇苦苣菜、曲曲菜、黄花郎、痢痢婆。

【分类地位】

双子叶植物，菊科，苦苣菜属。

【形态特征】

一年生或二年生草本，高40～150cm，全株具白色汁液。根呈圆锥状，垂直生长，有多条纤维状须根。茎单生直立，有纵条棱或条纹，不分枝或上部有短的伞房花序状或总状花序式分枝，茎枝光滑无毛，中空。基生叶莲座状着生，茎生叶单叶互生；基生叶长椭圆形或倒披针形、羽状深裂，或倒披针形、大头羽状深裂，或基生叶不裂，椭圆形、椭圆状戟形、三角形、三角状戟形、圆形，全部基生叶基部渐狭成长或短翼柄；中下部叶片椭圆形或倒披针形，长3～12cm，宽2～7cm，羽状深裂或大头状羽状深裂，顶裂片与侧裂片等大或较侧裂片大，宽三角形、戟状宽三角形、卵状心形，侧生裂片1～5对，椭圆形，常下弯，全部裂片顶端急尖或渐尖，叶基狭窄成翼柄，柄基为圆耳状抱茎生长；上部茎叶或接花序分

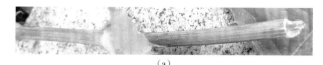

（a）

植物全株具白色汁；中空茎光滑，有条棱或条纹

（b）

茎下部叶羽状深裂；头状花序花黄色；冠毛白色

（c）

花茎顶端有腺毛；茎上部叶不分裂，基部半抱茎

苦苣菜

枝下方的叶与中下部茎叶同形并等样分裂，或不分裂而呈披针形或线状披针形，且顶端长渐尖，下部宽大，基部半抱茎；叶或裂片边缘均有大小不等的急尖锯齿或大锯齿，叶片上下表面光滑，质地薄。

头状花序，在茎枝顶端聚集为伞房花序或总状花序，或单生茎枝顶端，花茎顶端常有腺毛。总苞呈宽钟状，长1.5cm，宽1cm；总苞片3～4层，覆瓦状排列，向内层渐长；外层苞片长披针形或长三角形，长3～7mm，宽1～3mm；中内层苞片长披针形至线状披针形，长8～11mm，宽1～2mm；全部总苞片顶端急尖，外面无毛或有少数腺毛；全为舌状花，舌片（花冠）先端截形，5齿，黄色，花柱分枝细长。瘦果褐色，呈长椭圆形或长椭圆状倒披针形，长3mm，宽不足1mm，稍扁，每面各有3条细脉，肋间有横皱纹，顶端狭，无喙，冠毛白色，长7mm，单毛状，彼此纠缠。花期5～8月，果期7～10月。

【生长环境】

常生于山坡、山谷、林缘、林下、平地、田间、路旁、空旷处或近水处。

【应用】

食用： 嫩茎叶常作为野菜食用。

药用： 全草入药，有清热解毒、消肿排脓、凉血化瘀、消食和胃、清肺止咳、益肝利尿的功效，用于治疗急性痢疾、肠炎、痔疮肿痛等症，对于抗肿瘤也有一定作用。

工业： 茎叶柔嫩多汁，含水多，营养价值丰富，可作为饲料。

83. 沙苦荬 *Ixeris repens* (L.) A. Gray

【别名】

匍匐苦荬菜、窝食、沙苦荬菜、地黄莲、滨剪刀股、滨苦菜、苦荬菜。

【分类地位】

双子叶植物，菊科，苦荬菜属。

【形态特征】

多年生草本，全株光滑无毛。根状茎及茎水平匍匐，长可达100cm，茎节多，茎节处向下生不定根，向上生长叶柄均。单叶互生；叶有长柄，柄长1.5～9cm；叶片宽卵形，长1.5～3cm，宽1.5～5cm；叶片1～2回掌状3～5浅裂、深裂或全裂，裂片椭圆形、长椭圆形、圆形或不规则圆形，基部渐狭，有短翼柄或无翼柄，顶端圆形或钝，边缘全缘、浅波状或仅 1 侧有 1 大的钝齿或椭圆状大钝齿, 两面无毛。

头状花序单生于叶腋, 花径 1.5 ～ 2.5cm, 有长花序梗, 花序梗长 2 ～ 7cm; 或头状花序 2 ～ 5 枚排成腋生的疏松伞房花序。总苞呈圆柱状, 长 1 ～ 1.4cm; 总苞片 2 ～ 3 层, 外层与最外层苞片较小, 卵形、长圆形或椭圆形, 长 3 ～ 7mm, 宽 2mm, 顶端急尖或渐尖; 内层苞片长, 长椭圆状披针形, 长 1.4cm, 宽 1.8mm, 先端钝; 全部总苞片外侧无毛。头状花序由 12 ～ 60 枚舌状小花组成, 舌片黄色, 长 1.5 ～ 1.7cm, 先端截形, 5 齿裂, 干时常变成紫红色。瘦果圆柱状或纺锤形, 长 6 ～ 7mm, 宽 1mm, 稍扁, 棕褐色, 无毛, 有 10 条高起的钝肋, 顶端渐窄形成 2mm 的粗喙。冠毛白色, 长 5 ～ 7mm, 微粗糙。花期 6 ～ 8 月, 果期 7 ～ 9 月。

【生长环境】

常生于海边沙地。

【应用】

药用: 全草入药, 有清热解毒、活血排脓的功效。

工业: 茎秆粗壮、脆嫩, 叶片肥厚, 纤维含量少, 为品质较好的饲料。

绿化: 覆被性强, 有海岸带固沙护滩的作用, 可用于美化沙滩。

(a)

茎匍匐; 叶片 1 ～ 2 回掌状深裂, 边缘浅波状

(b)

头状花序单生叶腋, 舌状小花黄色

(c)

花序总苞圆柱状, 多层苞片光滑无毛

沙苦荬

84. 牛膝菊 *Galinsoga parviflora* Cav.

【别名】

辣子草、兔儿草、铜锤草、珍珠草、向阳花。

【分类地位】

双子叶植物，菊科，牛膝菊属。

【形态特征】

一年生草本，高10～80cm。茎纤细，不分枝或自基部向上分枝，着生贴伏短柔毛和腺毛。单叶对生；叶片卵形或长椭圆状卵形，长2.5～5.5cm，宽1.2～3.5cm，叶基部圆形、宽或狭楔形，叶尖渐尖或钝形，叶基三出脉或不明显五出脉，在叶下面稍突起；叶柄长1～2cm；沿茎向上叶逐渐变小，披针形；茎叶两面粗涩，着生白色稀疏贴伏短柔毛，脉和叶柄密生柔毛，叶缘钝锯齿形或波状浅锯齿形，花序下部的叶有时全缘或近全缘。

头状花序呈半球形，有长花梗，在茎枝顶端排成疏松的伞房花序，花序直径约3cm。总苞为半球形或宽钟状，宽3～6mm；总苞片白色，1～2

(a)
茎着生贴伏短柔毛和腺毛

(b)
对生叶片卵形锯齿缘；头状花序排列成伞房状

(c)
花序周边舌状花白色，花序中间管状花黄色

牛膝菊

层，约5个，膜质；外层苞片短，内层苞片卵形或卵圆形，长3mm，顶端圆钝形。花序周边为雌性的舌状花，4～5朵，舌片白色，顶端3齿裂，筒部细管状，外面着生稠密白色短柔毛；花序中间为两性的管状花，花冠黄色，长约1mm，先端5裂，下部着生稠密白色短柔毛。花托凸起，托片呈倒披针形或长倒披针形，纸质，顶端3裂或不裂或侧裂。瘦果长1～1.5mm，三棱或中央的瘦果4～5棱，黑色或黑褐色，稍扁，着生白色微毛。舌状花冠毛毛状，脱落；管状花冠毛膜片状，白色，披针形，边缘流苏状，固结于冠毛环上，正体脱落。花期7～9月，果期8～10月。

【生长环境】

常生于林下、河谷地、荒野、河边、田间、溪边或市郊路旁。

【应用】

食用： 嫩茎叶有特殊香味，可食用。

药用： 全草入药，有消炎、止血的功效，可用于治疗扁桃体炎、咽喉炎、急性黄疸型肝炎、外伤出血等症。

85. 泥胡菜 *Hemisteptia lyrata*（Bunge）Bunge.

【别名】

猪兜菜、苦马菜、剪刀草、石灰菜、苦郎头、牛插鼻、糯米菜、猫骨头。

【分类地位】

双子叶植物，菊科，泥胡菜属。

【形态特征】

二年生草本，高30～100cm。茎单生，纤细，着生稀疏蛛丝毛，上部常分枝。基生叶莲座状，茎生叶单叶互生；基生叶长椭圆形或倒披针形，花期通常枯萎；中下部茎叶与基生叶同形，长4～15cm，宽1.5～5cm，全部叶大头羽状深裂或几全裂，呈提琴状；顶裂片大，长菱形、三角形或卵形，全部裂片边缘三角形锯齿或重锯齿，侧裂片边缘通常稀锯齿，最下部侧裂片通常无锯齿；侧裂片2～6对，倒卵形、长椭圆形、匙形、倒披针形或披针形，向基部的侧裂片渐小；有时全部茎叶不裂或下部茎叶不裂，边缘有锯齿或无锯齿；全部茎叶质地薄，两面异色，上面绿色，无毛，下面灰白色，密生白毛，叶柄长约8cm，柄基部扩大抱茎而生，上部茎叶的叶柄渐短，最上部茎叶无柄。

头状花序在茎枝顶端排列成疏松伞房花序，总苞呈宽钟形或半球形，直径1.5～3cm。总苞片多层，覆瓦状排列；最外层苞片长三角形，长2mm，宽1.3mm；外层及中层呈椭圆形或卵状椭圆形，长2～4mm，宽1.4～1.5mm；最内层呈线状长椭圆形或长椭圆形，长7～10mm，宽1.8mm；全部苞片质地薄，草质，中外层苞片外面上方近顶端有直立的鸡冠状突起附片，紫红色，内层苞片顶端长渐尖，上方染红色，无鸡冠状突起的附片。花托有托片，毛状，较花冠略短。全为管状花，紫色或红色，花冠长约1.4cm，檐部长约3mm，深5裂，花冠裂片呈线形，长2.5mm。瘦果较小，呈楔状或偏斜楔形，长2.2mm，深褐色，稍扁，有13～16条粗细不等尖细肋，膜质果缘。冠毛异型，白色，两层。花期6～9月，果期7～10月。

（a）
叶片提琴状羽状分裂；瘦果褐色，冠毛白色

（b）
基生叶莲座状着生，茎生叶单叶互生

（c）
头状花序排列成伞房状，总苞半球形，管状花紫色

泥胡菜

【生长环境】

常生于山坡、山谷、平原、丘陵、林缘、林下、草地、荒地、田间、河边、路旁等地。

【应用】

食用：植株富含蛋白质、脂肪、纤维素以及多种微量元素，嫩茎叶可食用。

药用：全草可入药，有消肿散结、清热解毒的功效，用于治疗乳腺炎、颈淋巴结炎、痈肿疔疮、风疹瘙痒等症。

86. 三裂叶豚草 *Ambrosia trifida* L.

【别名】

豚草、三裂豚草、大破布草、高豚草、血豚草、水牛草、国王头。

【分类地位】

双子叶植物，菊科，豚草属。

【形态特征】

一年生草本，高50～120cm，最高可达250～300cm。直根系。茎粗壮，直径5～6mm，最粗可达2.5～3.0cm；茎绿色，有纵条棱，密生瘤基直立硬毛，后期毛脱落残留下瘤基；大部分从植株的中上部分枝，发育好的有四级分枝，形成小乔木状的巨大植株，也有少量植株自基部长出数条粗壮的分枝，形成灌木丛状。单叶对生，偶有互生；叶片大型，长宽均可达6～15cm，掌状三深裂，裂片卵状披针形或披针形，先端急尖或渐尖，叶缘有锐锯齿；有三条强劲的主脉自叶柄顶端发出，有时两个侧生主脉各分出一个同主脉相同粗细的分枝，看上去好像有五条主脉，形成五个裂片，每个裂片短椭圆形，边缘有浅锯齿，顶端渐尖；叶片两面均有短糙伏毛，叶脉上的毛较长。叶柄粗壮，长2～5cm，着生短糙毛，基部膨大，边缘有窄翅，着生长缘毛。

单性头状花序，雌雄同株。雄头状花序圆形，直径约5mm，有2～3mm长的细花序梗或无花序梗，下垂，在枝端密集成无叶的穗状或总状花序，除雄花外还有多数不育的两性花；总苞宽半球状或碟状，直径4～7mm，由5～12个扇形总苞片连合而成，背面有5～6条黑褐色放射

（a）　　　　　　　　　　　　　　（b）

掌状三（五）深裂叶片具锐锯齿缘　　　单性花雌雄同株，上部黄绿色雄花序成总状

三裂叶豚草

线，呈浅盘状，手触摸时会染上红色；总苞片基部结合，绿色，外面有3肋，边缘有圆齿，着生稀疏短糙毛；花托稍平，托片丝状或几无托片，着生白色长柔毛，每个头状花序有20～30小花；小花黄色，长1～2mm，花冠钟形，外分布5紫色条纹，花药离生，呈卵圆形。雌头状花序位于雄头状花序下部，聚集成团伞状，具无被能育的雌花1个；总苞呈倒卵形，长6～8mm，宽4～5mm，顶端为圆锥状短嘴，嘴部以下有5～7肋，肋顶端有瘤或尖刺，无毛，花柱丝状2深裂，伸出总苞的嘴部以外。瘦果呈倒卵形，无毛，藏于坚硬的总苞中。花期8～9月，果期9～10月。

【生长环境】

常生于田野、路旁或河边的湿地。

【应用】

药用： 豚草具有养肺止咳、清热解表以及活血化瘀的功效，能够有效调节人体的生理功能，可以用来治疗风湿关节痛、肺热咳嗽以及月经不调等疾病，还可用作收敛剂、防腐剂、催吐剂、润肤剂、退烧药。豚草可帮助缓解恶心、月经不适、发烧等症状，把豚草捣碎然后敷在被蚊虫叮咬的位置上，能有效地减轻瘙痒的症状。

注意： 豚草是一种外来入侵的恶性杂草，对人体健康和生态环境的危害都非常大。豚草的危害主要有两方面：一方面，长势快，严重影响其周围植物的健康生长；另一方面，其花粉对过敏性体质的人来说，会导致咳嗽、哮喘、鼻塞、打喷嚏，甚至出现荨麻疹、胸闷、肺气肿等症，最严重时可以导致死亡。因此，发现豚草应立即清除。

87. 刺儿菜 *Cirsium arvense* var. *integrifolium* C. Wimm. et Grabowski

【别名】

野红花、刺狗牙、小蓟、小刺盖、蓟蓟芽、刺刺菜、萋萋芽、青青草。

【分类地位】

双子叶植物，菊科，蓟属。

【形态特征】

多年生草本，高30～80cm。根状茎长。直立茎无毛或被蛛丝状毛和糙毛。基生叶莲座状着生，花期枯萎，茎生叶互生；中下部叶椭圆形、长椭圆形或椭圆状倒披针形，长7～15cm，宽1.5～2.5cm，叶尖钝或圆形，叶基楔形或钝圆，全缘或有齿裂，具刺，两面疏被蛛丝状毛，无叶柄；上部叶渐小，椭圆形或披针形，叶缘密生细密针刺。茎叶两面绿色。

头状花序单生于茎端或在茎枝顶端排成伞房花序；头状花序单性，雌雄异株，雄株头状花序较小、长1.8cm，雌株头状花序较大、长2.3cm。总苞壶形、卵形、长卵形或卵圆形，直径1.5～2cm；总苞片约6层，覆瓦状排列，向内层渐长；外层与中层苞片长圆状披针形，宽1.5～2mm，顶端针刺长5～8mm；内层及最内层呈长椭圆形、披针形至线形，长1.1～2cm，宽1～1.8mm；中外层苞片顶端有短针刺，内层及最内层渐尖，膜质，短针刺。全为管状花，5裂；雄花花冠长17～20mm，裂片长9～10mm，花药紫红色，长约6mm；雌花花冠紫红色或粉红色，长约26mm，裂片长约5mm，退化花药长约2mm。瘦果长卵形、椭圆形或偏斜椭圆形，长3mm，宽1.5mm，稍扁，顶端斜截形，淡黄色。冠毛多层羽毛状，污白色。花期5～6月，果期6～9月。

（a）

基生叶莲座状着生，花期枯萎

（b）

头状花序顶生，总苞壶形，管状花粉红色

（c）

茎生叶互生，长椭圆形叶片全缘具刺无叶柄

刺儿菜

【生长环境】

常生于荒地、路边、山坡、河旁或田间。

【应用】

食用：幼嫩茎叶可食用。

药用：全草入药，有凉血、祛瘀、止血的功效，用于治疗吐血、衄血、尿血、血淋、便血、血崩、急性传染性肝炎、创伤出血、疔疮、痈毒等症。

工业：可作为秋季蜜源植物。幼嫩茎叶及晒干后可作猪饲料。

88. 黄花婆罗门参 Tragopogon orientalis L.

【别名】

蒜叶婆罗门参、西洋牛蒡、牡蛎菜、兔儿奶、山羊须、东波罗门参。

【分类地位】

双子叶植物，菊科，婆罗门参属。

【形态特征】

二年生草本，高30～60cm。根圆柱状，垂直扎根，根表覆盖残存的基生叶柄。茎直立，有纵条纹，上部少分枝或单一，无毛。近地处叶线形或线状披针形，长10～25cm，宽3～18mm，灰绿色，叶尖渐尖，全缘或皱波状，叶基宽，半抱茎生长；中部及上部叶互生，披针形或线形，长3～8cm，宽3～10mm。

头状花序单生于茎顶，少数头状花序生于枝端，花梗与头状花序下膨大。总苞圆柱状，长2～3cm；总苞片一层，等长，8～10枚，披针形或线状披针形，长1.5～3.5cm，宽5～10mm，先端渐尖，边缘狭膜质，基部为棕褐色。全部为舌状花，舌片黄色，先端5齿裂，花柱分枝细长。瘦果长纺锤形或长圆形，长1.5～2cm，褐色，稍弯曲，有纵肋（四棱），沿肋有疣状突起，上部渐狭成细喙，喙长6～8mm，顶端稍增粗，与冠毛连接处有蛛丝状毛环。冠毛淡黄色，长

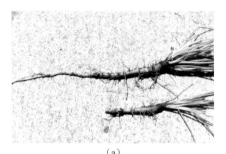

(a)

主根圆柱状，根表覆盖残存基生叶柄

(b)

线形叶全缘半抱茎；头状花序顶生，舌状花黄色

(c)

圆柱状总苞有总苞片一层；瘦果纺锤形，冠毛黄色

黄花婆罗门参

1～1.5cm。花期5～7月，果期6～9月。

【生长环境】

常生于山地、林缘、草地。

【应用】

食用：有蔬菜牡蛎之称，营养丰富，幼嫩茎叶可食用或泡茶。

药用：全草入药，有健脾益气的功效，用于治疗主病后体虚、小儿疳积、头癣等症。

绿化：种球毛茸可爱，极具观赏性，可做室内切花。

89. 翅果菊 *Lactuca indica* L.

【别名】

山莴苣、多裂翅果菊、山马草、苦马地丁、鸭子食、苦芥菜、苦马菜。

【分类地位】

双子叶植物，菊科，莴苣属。

【形态特征】

一年生或二年生草本，高0.6～2m，全株无毛。直根系，根粗厚，主根呈萝卜状，生多数须根。茎直立，单生，粗壮，上部圆锥状或总状圆锥形分枝。叶互生，基生叶花期枯萎。中下部茎叶倒披针形、椭圆形或长椭圆形，长达30cm，宽达17cm，无柄，顶端长渐急尖或渐尖，叶基宽大呈戟形半抱茎；二回羽状深裂，顶裂片狭线形，一回侧裂片5对或更多，边缘大部分全缘或两侧边缘有小尖头或稀疏细锯齿或尖齿。中上部的侧裂片较大，披针形、倒披针形或长椭圆形，长14～30cm，宽4.5～8cm，侧裂片向下渐小，二回侧裂片呈线形或三角形，长短不等，偶见一回羽状深裂；侧裂片1～6对，镰刀形、长椭圆形或披针形，顶裂片呈线形、披针形、线

(a)

粗厚主根生多数须根；叶互生

翅果菊

（b）
头状花序圆锥状排列，舌状花黄色，冠毛白色

（c）
叶二回羽状深裂，顶裂片狭线形，细
锯齿缘

翅果菊

状长椭圆形或宽线形。上部茎叶渐小，与中下部茎叶同形并等样分裂或不裂而为线形或线状披针形。

　　头状花序在茎枝顶端排成圆锥状。总苞果期呈卵球形，长1.6cm，宽9mm；总苞片4～5层，外层苞片卵形、宽卵形或卵状椭圆形，长4～9mm，宽2～3mm；顶端急尖或钝；中内层苞片长披针形或线状披针形，长1.4cm，宽3mm，顶端钝或圆形；全部总苞片顶端急尖或钝，边缘或上部边缘为染红紫色。全部为舌状花，有小花约25枚，舌片先端截形，5齿裂，黄色。瘦果椭圆形，长3～5mm，宽1.5～2mm，压扁，棕黑色，边缘有宽翅，每面有1条高起细脉纹，顶端急尖或渐尖成0.5～1.5mm稍粗的喙。冠毛2层，白色，几单毛状，长8mm。花期7～9月，果期8～10月。

【生长环境】

常生于山谷、山坡、林缘、灌丛、草地、荒地。

【应用】

食用：嫩茎叶可作蔬菜食用。

药用：茎、叶入药，煎服，可以解热。粉末涂搽，可除去疣瘤。

工业：植株富含粗蛋白、粗脂肪，可作为家畜禽和鱼的优良饲料及饵料。

90. 牛蒡 *Arctium lappa* L.

【别名】

大力子、万把钩、鼠黏草、夜叉头、蝙蝠刺、疙瘩菜、象耳朵、百角羊。

【分类地位】

双子叶植物，菊科，牛蒡属。

【形态特征】

二年生草本，高1～2m。直根粗大肉质，圆锥形，长达15cm，径可达2cm，有分枝支根。茎直立，粗壮，基部直径达2cm；上部多分枝，分枝斜升，通常带紫红或淡紫红色，有多数高起的条棱，全部茎枝被稀疏的乳突状短毛及长蛛丝毛，并混杂以棕黄色的小腺点。基生叶宽卵形，长达30cm，宽达21cm，边缘有稀疏的浅波状凹齿或齿尖，基部心形，有长达32cm的叶柄，两面异色，上面绿色，有稀疏的短糙毛及黄色小腺点，下面灰白色或淡绿色，被薄茸毛或茸毛稀疏，有黄色小腺点，叶柄灰白色，被稠密的蛛丝状茸毛及黄色小腺点，但中下部常脱毛。茎生叶互生，叶片长卵形或广卵形，长20～50cm，宽15～40cm，先端钝，具刺尖，基部常为心形，全缘或具不整齐波状微齿，上面绿色或暗绿色。具疏毛，下面密被灰白色短茸毛。

头状花序多数或少数在茎枝顶端排成疏松的伞房花序或圆锥状伞房花序，花序直径2～4cm，花序梗粗壮，长3～7cm，表面有浅沟，密被细毛。总苞球形、卵形或卵球形，直径1.5～2cm；总苞片多层多数，覆瓦状排列，外层三角状或披针状钻形，宽约1mm，中内层披针状或线状钻

(a)

宽卵形叶具浅波状缘；头状花序顶端有软钩刺

(b)

头状花序，小花紫红色，柱头2裂

牛蒡

形，宽1.5～3mm；全部苞近等长，长约1.5cm，顶端有软骨质钩刺。全部为管状花，两性，小花紫红色，花冠长1.4cm，细管部长8mm，檐部长6mm，外面无腺点，花冠顶端5齿裂，裂片狭披针形，长约2mm。聚药雄蕊5枚，与花冠裂片互生，花药黄色。雌蕊1枚，子房下位，先端圆盘状，着生短刚毛状冠毛；花柱细长，柱头2裂。瘦果倒长卵形或偏斜倒长卵形，长5～7mm，宽2～3mm，两侧压扁，浅褐色，有多数细脉纹，有深褐色的色斑或无色斑。冠毛多层，浅褐色；冠毛刚毛糙毛状，不等长，长达3.8mm，基部不连合成环，分散脱落。花期6～8月，果期7～9月。

【生长环境】

生于山坡、山谷、林缘、林中、灌木丛中、河边潮湿地、沟边、荒地、向阳草地、村庄路旁或荒地。

【应用】

食用：牛蒡当中含有丰富的纤维素、钙元素以及铁元素，适量进食有助于补充身体所需要的营养成分，属于一种药食同源的植物，可当作野菜来食用，凉拌或者炖汤。

药用：瘦果和根入药，性味苦、辛、寒，有疏散风热、宣肺透疹、解毒利咽之效，常用于风热感冒、发热、头痛、咳嗽、咽喉肿痛、疮疖肿痛、脚癣、湿疹等症。

工业：牛蒡茎叶含挥发油、鞣质、黏液质、咖啡酸、绿原酸、异绿原酸等，牛蒡果实含牛蒡苷、脂肪油、甾醇、硫胺素、牛蒡酚等多种化学成分，其中脂肪油占25%～30%，碘值为138.83，可作工业用油。

91. 小蓬草 *Erigeron canadensis* L.

【别名】

小飞蓬、祁州一枝蒿、蛇舌草、竹叶艾、鱼胆草、破布艾、小山艾、小白酒草。

【分类地位】

双子叶植物，菊科，飞蓬属。

【形态特征】

一年生草本，高50～100cm。直根纺锤状锥形，具纤维状根。茎直立，圆柱状，多少具棱，具粗糙毛和细条纹，上部多分枝。单叶互生，叶柄短或不明显叶密集；基部叶花期常枯萎；下部叶倒披针形或长圆状披针形，长6～10cm，宽1～1.5cm，顶端尖或渐尖，基部渐狭成柄，边缘具疏锯齿或全缘；中部和上部叶较小，线状披针形或线形，近无柄或无柄，全缘或少有具1～2个齿，两面或仅上面被疏短毛，边缘常被上弯的硬缘毛。

（a）

圆柱状茎多少具棱，有粗糙毛和细条纹

多数头状花序排列成顶生多分枝的大圆锥状或伞房状花序；头状花序小，径3～4mm。花序梗细，长5～10mm；总苞近圆柱状，长2.5～4mm；总苞片2～3层，淡绿色，线状披针形或线形，顶端渐尖，外层约短于内层之半，背面被疏毛，内层长3～3.5mm，宽约0.3mm，边缘干膜质，无毛；花托平，径2～2.5mm，具不明显的突起；外围舌状花，为雌花，花冠舌状，白色微带紫色，长2.5～3.5mm，舌片小，稍超出花盘，线形，顶端具2个钝小齿；中间管状花，为两性花，淡黄色，花冠管状，短于舌状花，

（b）

头状花序排列成伞房状，花白色微带紫色

（c）

嫩株；长圆形叶具疏锯齿缘

小蓬草

长2.5～3mm，上端5齿裂，管部上部被疏微毛。瘦果线状披针形，长1.2～1.5mm，稍扁压，被贴微毛；冠毛1层，污白色，糙毛状，易飞散，长2.5～3mm。花期5～9月，果期8～10月。

【生长环境】

常生于旷野、荒地、田边、河谷、沟旁和路边，易形成大片群落，为一种常见的杂草。

【应用】

食用：小蓬草在刚长出来不久（嫩株）可以食用。一是炒着吃，可以焯水也可以不焯水，放点辣椒炒断生后，添加调味品即可出锅；二是熬汤喝，把小蓬草晒干后放入锅中煎煮，冷凉后即可食用。

药用： 全草或鲜叶入药，性味微苦、辛、凉，有消炎止血、清热利湿、散瘀消肿的功效，内用治疗肠炎、痢疾、传染性肝炎、胆囊炎、血尿、水肿等症，外用治牛皮癣、跌打损伤、疮疖肿毒、风湿骨痛、外伤出血，鲜叶捣汁治中耳炎、眼结膜炎。

工业： 小蓬草嫩茎、叶可作猪饲料，把小蓬草采摘回来后切碎，然后和麦麸拌在一起后喂猪，既节省饲料，又能保证猪的生长。

绿化： 小蓬草生命力顽强，对于外界环境的适应性比较强，路边、山坡等地的小蓬草能长到1m多高，还能开白色或紫色的花，部分地区把飞蓬当作园林植物观赏。

92. 漏芦 *Rhaponticum uniflorum* (L.) DC.

【别名】

祁州漏芦、大花蓟、和尚头、大口袋花、牛馒土、大脑袋花、狼头花。

【分类地位】

双子叶植物，菊科，漏芦属。

【形态特征】

多年生草本植物，高（6）30～100cm。根粗大直伸，长圆锥形，直径1～3cm。茎直立，不分枝，簇生或单生，灰白色，被柔毛或蛛丝状白绵毛，基部直径0.5～1cm，有褐色残存的叶柄。单叶互生；基生叶及下部茎叶大，有长叶柄，叶柄长6～20cm，叶片长圆形、椭圆形、长椭圆形或倒披针形，长10～24cm，宽4～9cm，羽状深裂或几全裂，侧裂片5～12对，椭圆形或倒披针形，边缘有锯齿或锯齿稍大而使叶呈现二回羽状分裂状态，或边缘少锯齿或无锯齿，中部侧裂片稍大，向上或向下的侧裂片渐小，最下部的侧裂片小耳状，顶裂片长椭圆形或几匙形，边缘有锯齿；中、上部茎叶逐渐变小，与基生叶及下部茎叶同形并等样分裂，无柄或有短柄。全部叶质地柔软，两面灰白色，被稠密的或稀疏的蛛丝毛及多细胞糙毛和黄色小腺点。叶柄灰白色，被稠密的蛛丝状绵毛。

头状花序单生茎顶，花序梗粗壮，裸露或有少数钻形小叶。总苞半球形，直径3.5～6cm；总苞片9层，卵圆形，径2.5cm，覆瓦状排列，向内层渐长，有干膜质附片；外层苞片长三角形，长4mm，宽2mm；中层苞片椭圆形至披针形，长1.5cm；内层及最内层苞片宽线形或披针形，长

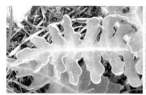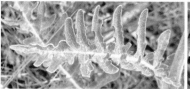

（a）

长椭圆形叶羽状深裂或几全裂，裂片椭圆形

（b）

直立茎不分枝，头状花序顶生

（c）

花序总苞干膜质附片，两性管状花紫红色

漏芦

约2.5cm，宽约5mm。全部苞片顶端有膜质附属物，附属物宽卵形或几圆形，长达1cm，宽达1.5cm，浅褐色。全部小花为管状两性花，花冠紫红色，长3.1cm，细管部长1.5cm；花冠5深裂，裂片长8mm；雄蕊5枚；雌蕊1枚，子房下位，花柱细长，柱头2裂。瘦果3～4棱，楔状或倒圆锥状，长4mm，宽2.5mm，顶端有果缘，果缘边缘细尖齿，侧生着生面；冠毛刚毛糙毛状，褐色，多层，不等长，向内层渐长，长达1.8cm，基部连合成环，整体脱落。花期4～5月，果期5～9月。

【生长环境】

生长于山坡丘陵地、向阳山坡、松林下或桦木林下。

【应用】

药用：以根和根茎入药，味苦，性寒，归胃经，有清热解毒、消痈肿、下乳汁、舒筋通脉的功效。适用于治疗热毒亢盛、乳痈肿痛、痈疽发背、瘰疬疮毒、邪热壅滞、乳房肿痛、乳汁不通、湿痹拘挛等症。

三十、禾本科Poaceae

93. 狗尾草 *Setaria viridis* (L.) Beauv.

【别名】

谷莠子、狗尾巴草、阿罗汉草、毛毛草、毛姑姑、光明草、莠子草。

【分类地位】

单子叶植物，禾本科，狗尾草属。

【形态特征】

一年生草本。须根系，高大植株具支持根。茎秆直立或基部膝曲，高10～100cm，基部径达3～7mm。叶鞘松弛，无毛或被疏柔毛或疣毛，边缘被较长的密绵毛状纤毛；叶舌极短，叶缘有长1～2mm的纤毛；叶片扁平，长三角状狭披针形或线状披针形，先端长渐尖或渐尖，基部钝圆形，呈截状或渐窄，长4～30cm，宽2～18mm，通常无毛或被疏疣毛，边缘粗糙。

圆锥花序排列紧密呈圆柱状或基部稍疏离，直立或稍弯垂，主轴被较长柔毛，长2～15cm，宽4～13mm，刚毛长4～12mm，粗糙或微粗糙，直或稍扭曲，通常绿色或褐黄到紫红或紫色；小穗2～5个簇生于主轴上或更多的小穗着生在短小枝上，椭圆形，先端钝，长2～2.5mm，浅绿色；第一

（a）

圆柱状果穗柔软被长柔毛，颖果

（b）

线状披针形叶片；圆柱状花序柔软被长柔毛

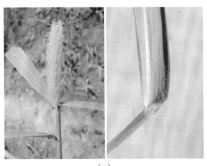

（c）

叶鞘松弛边缘被长绵毛，叶舌极短

狗尾草

颖卵形、宽卵形，长约为小穗的1/3，先端钝或稍尖，具3出脉；第二颖与小穗等长，椭圆形，具5～7出脉；第一外稃与小穗等长，具5～7出脉，先端钝，其内稃短小狭窄；第二外稃椭圆形，顶端钝，具细点状皱纹，边缘内卷，狭窄；鳞被楔形，顶端微凹；花柱基分离。颖果椭圆形，腹面略扁平，灰白色。花期5～8月，果期6～10月。

【生长环境】

常见旱地杂草，生于道旁、墙边、林下、草甸、荒野等处。

【应用】

药用：全草可入药，具有除热、祛湿、消肿的功效，可治痈肿、疮癣、赤眼等症。

工业：全株富含营养物质，茎秆、叶可作饲料。全草加水煮沸后的滤出液可喷杀菜虫。

绿化：狗尾草生命力顽强，花穗形状独特，可在城市街道中作花坛、花境的镶边植物。

三十一、莎草科 Cyperaceae

94. 筛草 *Carex kobomugi* Ohwi

【别名】

砂钻薹草、筛实、筛草实、救军草砂、苔草砂、砂贡子、禹余粮、自然谷。

【分类地位】

单子叶植物，莎草科，薹草属。

【形态特征】

多年生草本，根状茎较长，匍匐或斜向地下生长，着生黑褐色分裂成纤维状的叶鞘。秆（茎）高10～20cm，宽3～4mm，粗壮，呈钝三棱形，表皮平滑，基部具细裂成纤维状的老叶鞘。叶细，长于秆，宽3～8mm，黄绿色平张，革质，叶缘锯齿状。苞片呈短叶状。

小穗较多，呈卵形，长10～15mm；花序穗状，雌雄异株；雄花序为长圆形，长4～5cm，宽1.2～1.3cm；雌花序为卵形至长圆形，长4～6cm，宽约3cm。雄花鳞片呈披针形至狭披针形，顶端渐狭成粗糙短尖，长5～10mm；雌花鳞片呈卵形，顶端渐狭成芒尖，长1.2～1.6cm，宽4～5mm，革质，黄绿色带栗色，分布多条脉。果囊稍短于鳞片或近等长，呈披针形或卵状披针形，平凸状，长10～15mm，宽约4mm，栗色，弯曲，厚革质，无毛，有光泽，上下表面有多条脉，上部边缘具齿状狭翅，基部近圆形，短柄，先端渐狭成长喙，稍弯，喙口有2尖齿。小坚果紧包裹于果囊中，橄榄色，呈长圆状倒卵形或长圆形，长5～5.5mm，基部楔形，顶端圆形；花柱下部被稀疏柔毛，基部稍膨大，柱头2个。花期5～6月，果期6～9月。

（a）
黄绿色叶细长革质，叶基生抱茎

（b）
根茎黑褐色；直立茎基部具纤维状老叶鞘

（c）
花单性，雌雄异株，雄花序长圆形，雌花序鳞片顶端成芒尖

筛草

【生长环境】

常生于海滨或河边、湖边沙地。

【应用】

工业： 富含粗蛋白，适口性强，春、秋嫩草期可作饲料。

绿化： 常用作海岸防风固沙植物，可抗海风、海雾、盐分，抗旱耐瘠薄。

95. 碎米莎草 *Cyperus iria* L.

【别名】

稻田莎草、蚱蜢莎草、伞莎草、四方草、细三棱、米莎草、三棱草。

【分类地位】

单子叶植物，莎草科，莎草属。

【形态特征】

一年生草本，主根不明显，须根发达。茎直立丛生，扁三棱形，高8～85cm。叶基生，茎生叶较少，线形，宽2～5mm，光滑，上面凹，叶鞘为红棕色或棕紫色。叶状苞片3～5枚，下面的2～3枚长于花序。

（a）

茎三棱形；基生叶鞘红棕或棕紫色

穗状花序组合为复出聚伞花序，有4～9个辐射枝，辐射枝最长达12cm，每个辐射枝着生5～10个穗状花序；穗状花序呈卵形或长圆状卵形，长1～4cm，具5～22个小穗；小穗排列松散，倾斜展开，呈长圆形、披针形或线状披针形，压扁，长4～10mm，宽约2mm，有6～22朵花；小穗轴上近于无翅；

（b）

叶线形光滑，上面凹

鳞片疏松排列，膜质，呈宽倒卵形，顶端微缺有短尖，背面具龙骨状突起，绿色，有3～5条脉，两侧呈黄色或麦秆黄色；雄蕊3枚，花药椭圆形；花柱较短，柱头3个。小坚果呈倒卵形、椭圆形、三棱形，褐色，表皮有细微突起细点。花期6～9月，果期7～10月。

（c）

穗状花序组成聚伞花序，小穗松散展开

碎米莎草

【生长环境】

为常见田间杂草，常生于田间、山坡、路旁阴湿处。

【应用】

药用：全草入药，有止咳、破血、通经、行气、消积、止痛的功效。用于治疗慢性气管炎、症瘕积聚、产后瘀阻腹痛、消化不良、闭经及一切气血瘀滞、胸腹肋疼痛等症。

工业：根部总生物碱含量高，对水稻稻瘟病有抑制作用，可开发作为生物源杀菌剂。

三十二、鸭跖草科 Commelinaceae

96. 鸭跖草 *Commelina communis* L.

【别名】

碧竹子、翠蝴蝶、淡竹叶、竹叶菜、鸭趾草、鸭儿草、竹芹菜。

【分类地位】

单子叶植物，鸭跖草科，鸭跖草属。

【形态特征】

一年生草本。分枝较多，茎匍匐状，节上生根，长可达1m，茎下部无毛，上部被短毛。叶披针形至卵状披针形，长3～9cm，宽1.5～2cm，全缘，叶基部有白色膜质叶鞘，叶柄1.5～4cm，与叶对生，折叠状，展开后为心形。

总苞片佛焰苞状，顶端短急尖，基部心形，长1.2～2.5cm，边缘着生硬毛；聚伞花序，下面一枝仅有花1朵，花梗长8mm，不孕；花梗上面一枝具花3～4朵，梗短，几乎不伸出佛焰苞；花期小花梗长仅3mm，果期弯曲，长不过6mm；萼片3枚，膜质，长约5mm，内侧2枚靠近或合生；花瓣3枚，深蓝色，内面2枚较大，具爪，长约1cm；6枚雄蕊3枚退化；雌蕊1枚，子房上位，花柱先端弯曲；蒴果白色，椭圆

（a）
叶披针形至卵状披针形全缘

（b）
叶互生，叶鞘白色膜质

（c）
苞片佛焰苞状，蓝色花基部具爪，3雄蕊退化

鸭跖草

形，长5～7mm，2室，2片裂。种子4颗，长2～3mm，棕黄色，一端平截、腹面平，有不规则窝孔。花期7～9月，果期8～10月。

【生长环境】

常生于林缘、水边、草地、湿地和田间，多为田间杂草。

【应用】

食用：幼嫩茎叶可食用，脾胃虚弱者需少食。

药用：全草入药，有清热解毒、利水消肿的功效，对流行性感冒、上呼吸道感染、咽炎、宫颈柱状上皮异位、腹蛇咬伤有良好疗效。

绿化：鸭跖草在温暖地区可用于花坛及基础种植。也可种植于花台或悬挂于走廊及屋檐下。

三十三、百合科Liliaceae

97. 渥丹 *Lilium concolor* Salisb.

【别名】

同色百合、星花百合、山百合、红百合、山丹、红花矮百合、红花菜。

【分类地位】

单子叶植物，百合科，百合属。

【形态特征】

多年生草本，鳞茎卵球形，高2～3.5cm，直径2～3.5cm；鳞片白色，呈卵形或卵状披针形，长2～2.5cm，宽1～1.5cm，鳞茎生根。茎高30～50cm，近地处茎带紫色，有小乳头状突起。叶条形散生，长3.5～7cm，宽3～6mm，叶脉3～7条，叶缘有小乳头状突起，上下表无毛。

花1～5朵排列成近伞形或总状花序；花梗长1.2～4.5cm；花深红色直立，星状开展，无斑点，有光泽；花被片6枚，矩圆状披针形，长2.2～4cm，宽4～7mm，蜜腺两侧有乳头状突起；雄蕊6枚，向中心靠拢，花丝长1.8～2cm，无毛，花药红色，长矩圆形，长约7mm；雌蕊1枚，子房上位，圆柱形，长1～1.2cm，宽2.5～3mm，花柱稍短于子房，柱头稍膨大。蒴果矩圆形，长3～3.5cm，宽2～2.2cm。花期6～7月，果期8～9月。

【生长环境】

常生于山坡草丛、路旁、灌木林下。亦有栽培者。

【应用】

食用：鳞茎淀粉含量高，可供食用或酿酒。

药用：鳞茎和花可入药，有滋补强壮、止咳的功效，可用于治疗咳嗽、溃疡、疖肿等症。

工业：花含芳香油，可作香料。

绿化：花朵美丽大方，可作为园林观赏植物栽培。

（a）
卵球形鳞茎生根，鳞片卵形白色

（b）
条形叶边缘有小突起，光滑无毛

（c）
总状花序，花冠星状开展，花瓣、花药均红色

渥丹

98. 矮韭 *Allium anisopodium* Ledeb.

【别名】

矮葱、单花蒜、山韭菜、草花蒜、线叶韭、糙葶韭。

【分类地位】

单子叶植物，百合科，葱属。

【形态特征】

多年生直立草本植物。须根从鳞茎基部长出，细长。鳞茎数枚聚生，近圆柱状，外皮紫褐色、黑褐色或灰褐色，膜质，不规则破裂，有时顶端几呈纤维状，内部常带紫红色。叶半圆柱状，有时因背面中央的纵棱隆起而成三棱状狭条形，稀线形，光滑，或沿叶缘和纵棱具细糙齿，与花葶近等长，宽 1～2（4）mm。

花葶圆柱状，具细的纵棱，光滑，高（20）30～50（65）cm，粗 1～2.5mm，下部被叶鞘；总苞单侧开裂，宿存；伞形花序近扫帚状，松散；小花梗不等长，果期尤为明显，随果实的成熟而逐渐伸长，长 1.5～3.5cm，具纵棱，光滑，稀沿纵棱略具细糙齿，基部无小苞片；花冠淡紫色至紫红色，外轮的花被片卵状矩圆形至阔卵状矩圆形，先端钝圆，长 3.9～4.9mm，宽 2～2.9mm，内轮的倒卵状矩圆形，先端平截或略为钝圆的平截，常比外轮的稍长，长 4～5mm，宽 2.2～3.2mm；雄蕊 6 枚，排成两轮，花丝长度约为花被片的 2/3，基部合生并与花被片贴生，外轮的锥形，有时基部略扩大，比内轮的稍短，内轮下部扩大成卵圆形，

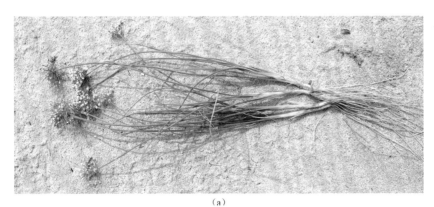

（a）

须根多而长；鳞茎圆柱状

矮韭

（b）

直立草本丛生；扫帚状伞形花序松散

（c）

叶半圆柱状或三棱狭条形；花冠淡紫红色

矮韭

扩大部分约为花丝长度的2/3；雌蕊1枚，子房上位，卵球状，基部无凹陷的蜜穴，花柱比子房短或近等长，不伸出花被外。蒴果室背开裂。种子黑色。花期7～8月，果期8～9月。

注：按最新的分类研究，将矮韭划入石蒜科植物。

【生长环境】

主要野生于山坡、草地或沙丘。

【应用】

药用：鳞茎药用。该属植物含单宁、强心苷、皂苷、生物碱和硫化物等物质，少量食用一般是安全的，大量服用可引起恶心、呕吐、腹泻和瞳孔收缩等反应。

三十四、鸢尾科Iridaceae

99. 野鸢尾 *Iris dichotoma* Pall.

【别名】

白射干、射干鸢尾、二歧鸢尾、扁蒲扇、扇子草、老婆扇子、小射干。

【分类地位】

单子叶植物，鸢尾科，鸢尾属。

【形态特征】

多年生草本。须根发达，粗而长，黄白色，分枝少。根状茎棕褐色或黑褐色，不规则。叶基生或在花茎基部互生，剑形，灰绿色，具绿白色边缘，长15～35cm，宽1.5～3cm，叶尖弯曲呈镰刀形，渐尖或短渐尖，叶基鞘状抱茎生长，无明显的中脉。

花茎高40～60cm，上部为二歧状分枝，分枝处生有披针形的茎生叶，下部有1～2枚抱茎的茎生叶，花序顶生；苞片4～5枚，绿色，边缘白色，膜质，披针形，长1.5～2.3cm，内有花3～4朵；花冠蓝紫色或浅蓝色，有棕褐色的斑纹，直径4～4.5cm；花梗细长2～3.5cm；花被管较短，外花被裂片呈宽倒披针形，长3～3.5cm，宽约1cm，上部向外反折，无附属物，内花被裂片呈狭倒卵形，长约2.5cm，宽6～8mm，顶端稍凹陷；雄蕊长1.6～1.8cm，花药与花丝等长；花柱花瓣状分枝扁平，长约2.5cm，顶端裂片呈狭三角形，子房绿色，长约1cm。蒴果圆柱形或略弯曲，长3.5～5cm，直径1～1.2cm，果皮黄绿色，革质，成熟时自顶端向下开裂；种子暗褐色椭圆形，有小翅。花期7～8月，果期8～9月。

（a）
花莛二歧状分枝，苞片披针形膜质

（b）
蓝紫色花冠有棕褐色斑纹；蒴果圆柱形

（c）
基生叶剑形，灰绿色具绿白色边缘，平行叶脉明显

野鸢尾

【生长环境】

常生于沙质草地、山坡石隙、海边沙地等向阳干燥处。

【应用】

药用：根状茎入药，有清热解毒、活血消肿的功效。用于治疗咽喉肿痛、疟腮、齿龈肿痛、肝炎、肝脾肿大、胃痛、支气管炎、跌打损伤、乳痈等症，外用可用于治疗水田皮炎。

绿化：适应性强，适合广泛栽培，在公园、公路绿化带、住宅小区绿化等地均可种植或盆栽摆放。

100. 马蔺 *Iris lactea* Pall.

【别名】

剧荔花、蠡草花、马楝花、潦叶花、旱蒲花、马帚、箭杆、马莲。

【分类地位】

单子叶植物，鸢尾科，鸢尾属。

【形态特征】

多年生密丛草本。根状茎粗壮，木质，斜伸，外包有大量致密的红紫色折断的老叶残留叶鞘及毛发状的纤维；须根粗长，黄白色，分枝较少。叶较多，基生，质硬坚韧，灰绿色，条形或狭剑形，长约50cm，宽4～6mm，叶尖渐尖，叶基鞘状带红紫色，无明显的中脉。

花茎单生或分枝，表皮光滑，高约30cm。花由佛焰苞内抽出，苞片3～5枚，草质，绿色，边缘白色，披针形，长4.5～10cm，宽0.8～1.6cm，顶端渐尖或长渐尖，内包含有2～4朵花。花浅蓝色、蓝色或蓝紫色，直径5～6cm，花梗长4～7cm；花被片6枚，两轮排列，下部合生成花被管，花被管甚短，长约3mm；外轮花被裂片开展，倒披针形，长4.5～6.5cm，宽0.8～1.2cm，顶端钝或急尖，爪部楔形；内轮花被裂片直立，狭倒披针形，长4.2～4.5cm，宽5～7mm，爪部狭楔形，有深色条纹。雄蕊3枚，密贴于弯曲花柱的外侧，长2.5～3.2cm，花丝白色，花药黄色，向外反卷；雌蕊1枚，子房下位，纺锤形，长3～4.5cm，花柱3深裂，扁平，柱头花瓣状，顶端2裂，蓝色。蒴果长椭圆状柱形，长4～6cm，直径1～1.4cm，有6条明显的肋，顶端有短喙。种子为不规则的多面体，棕褐色，略有光泽。花期5～6月，果期6～9月。

【生长环境】

常生于荒地、路旁、山坡、草地，以过度放牧的盐碱化草场较多。

【应用】

食用： 嫩茎叶可食用。

药用： 花、种子、根均可入药。花晒干服用可利尿通便，也可用于止血，主治喉痹、吐血、衄血、小便不通、淋病、疝气、痈疽等症；种子和根有除湿热、止血、解毒的功效，用于治疗黄疸、泻痢、白带、痈肿、喉痹、疔肿、风寒湿痹、吐血、衄血、血崩等症。

工业： 叶在冬季可作牛、羊、骆驼的饲料。可供造纸及编织用。根的木质部坚韧而细长，可制刷子。

绿化： 马蔺根系发达，耐盐碱、耐践踏，可用于水土保持和改良盐碱土，是优良观赏地被植物。

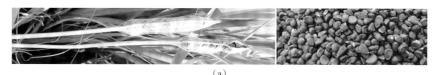

（a）

蒴果长椭圆状柱形；棕褐色种子不规则

（b）

丛生草本；条形绿色基生叶质硬；花蓝紫色

（c）

花被片两轮排列，外轮开展，内轮直立

马蔺

参考文献

[1] 汪劲武.常见野花.2版.北京：中国林业出版社，2009.

[2] 英国DK出版社，DK植物大百科.刘夙，李佳，译.北京：北京科学技术出版社，2020.

[3] 史军.中国食物：蔬菜史话.北京：中信出版社，2022.

[4] 朱亮锋，李泽贤，郑永利.自然珍藏图鉴丛书——芳香植物.广州：广东南方日报出版社，2009.

[5] 林有润.自然珍藏图鉴丛书——有毒植物.广州：广东南方日报出版社，2010.

中文名称索引